理财就是理生活

生活理财

省钱

108招

刘 柯◎编著

中国铁道出版社有限公司
CHINA RAILWAY PUBLISHING HOUSE CO., LTD.

内 容 简 介

本书从生活省钱理财的角度出发，从资产管理、资金节省和资产增值三个方面介绍实际生活中的 108 个理财妙招。

本书共 9 章，具体从理、购、住、行、卖、存、信、投、炒九个方面详细介绍各类实际生活情景下的省钱技巧和投资理财方法，内容充实且实用性强，将理论与实践相结合，帮助读者理解理财的具体概念。

本书的受众范围广泛，无论是有理财想法的职场人士、想实现家庭资产增值的家庭成员，还是想要实现财务规划的年轻群体，都可以在本书中找到适合自己的理财方式。

图书在版编目（CIP）数据

理财就是理生活：生活理财省钱 108 招 / 刘柯编著 . —北京：中国铁道出版社有限公司 , 2021.9
ISBN 978-7-113-28013-0

Ⅰ . ①理… Ⅱ . ①刘… Ⅲ . ①家庭管理 - 理财 - 普及读物 Ⅳ . ① TS976.15-49

中国版本图书馆 CIP 数据核字（2021）第 104694 号

书　　名：理财就是理生活：生活理财省钱 108 招
　　　　　LICAI JIUSHI LISHENGHUO: SHENGHUO LICAI SHENGQIAN 108 ZHAO
作　　者：刘　柯

责任编辑：张亚慧　　　编辑部电话：（010）51873035　　　邮箱：lampard@vip. 163. com
编辑助理：张　明
封面设计：宿　萌
责任校对：苗　丹
责任印制：赵星辰

出版发行：中国铁道出版社有限公司（100054, 北京市西城区右安门西街 8 号）
印　　刷：北京铭成印刷有限公司
版　　次：2021 年 9 月第 1 版　　2021 年 9 月第 1 次印刷
开　　本：700 mm×1 000 mm 1/16　印张：15.25　字数：208 千
书　　号：ISBN 978-7-113-28013-0
定　　价：59.00 元

前　言

理财，是对个人或家庭的财产和债务进行管理，以达到资产保值、增值的目的。从概念来看，理财似乎较难操作，适合专业的财务管理人员，或者是具有理财经验的人士。

那么，理财真的这么难吗？

当然不是，实际上理财已经融入我们的日常生活之中，看似生活中的一件小事也可能与理财紧密相关，以超市购物使用优惠券为例，表面上看只是享受优惠、节省开支，实际上也属于理财的范围。

理财并不是狭义上理解的投资，它实际上可以分为三个部分，即资产管理、资金节省和资产增值。而这三个部分与我们的日常生活密不可分。可以说，理财就是理生活，只要我们具备理财意识，在日常生活中多留意，从资金管理、资金节省和资产增值这三个角度出发就能进行理财。

为了帮助更多的人实现理财需求，实现资产的保值或增值目标，笔者特地编写了本书，为读者介绍生活省钱理财的 108 招，帮助读者从资产管理、资金节省和资产增值三个角度实现理财。

全书共 9 章，可大致划分为三个部分：

◆ 第一部分为第 1 章，这部分属于资产管理，主要介绍如何掌握真实的资产情况和财务规划安排等内容，这是理财的前提。

◆ 第二部分为第 2～5 章，这部分属于资金节省的内容，从"购""住""行"及"卖"四个角度介绍生活中一些不被重视的省钱妙招，帮助读者实现资金的节省，以便积累更多的资金。

◆ 第三部分为第 6～9 章，这部分属于资产增值的内容，从"存""信""投"及"炒"四个角度，循序渐进地介绍一些实用的理财技巧，帮助读者实现资产的投资增值。

该书的优势在于从日常生活的角度出发，介绍真实生活场景下的一些实用性强、应用范围广的省钱、增值的理财妙招。除此之外，书中有大量的案例、图示，在帮助读者理解知识的同时，也减少了单纯文字阅读的枯燥感，让内容更具趣味性，让读者在一种轻松有趣的阅读氛围中学习书中的知识。

最后，希望所有读者都能从本书中获益，在实际的理财过程中完成资产的管理和规划，得到理想的收益。

编　者

2021 年 6 月

目 录

第 1 章　理：掌握真实的收入与支出情况

　　每个想要做理财的人，首先要理清自己，掌握自己真实的收入与支出情况，才能根据自己的实际开销与资金闲余程度，制订出适合自己的理财计划。

第2章 购：学会聪明地买买买

省钱是生活理财中的重要组成部分，但省钱并不是让我们不花钱、不购物，而是要学会聪明地买，实惠地买，让我们既能买到称心如意的物品，还能不花冤枉钱。

第3章 住：既要住得舒服，还要便宜

房子能够给人带来安全感和归属感，一直以来就是人们提升生活幸福感

的重要一环。但是，购买房子不仅要讲究居住的舒适感，还要从经济上节省，节省不必要的开销，才算真正意义上的住得舒服。

第 4 章　行：出门在外能省则省

不管是工作需要，还是家庭旅游，都可能需要短期或长期出门。但是出门在外不比在家，什么都需要花钱，如果不加以控制管理，就会产生大量的额外开销。因此，出门在外要尽量做到能省则省。

第 5 章　卖：闲置物品也能换钱

除了节约省钱之外，还要想办法赚取更多的钱。首先要做的就是清理家中的闲置物品，将它们换成钱，一方面增加自己的收入，另一方面也能使空间变得更整洁。

第 6 章　存：闲钱储蓄让钱生钱

储蓄，永远是一种经久不衰的理财方式。因为其具有资金安全、方式简单，还能增加收益，让钱生钱的特点，所以无论何时储蓄都能给人带来满满的安全感，进而广受推崇。

第 7 章　信：你的信用非常值钱

你的信用可以兑换成为价值吗？答案是肯定的。共享经济兴起，如共享单车、共享充电宝和共享雨伞等都是依靠征信系统建立的。此外，借贷、租房和酒店住宿等也离不开信用因素。一个诚信的人，凭借自己的信用，可以享受更多丰富便捷的服务。

第 8 章　投：懂得透过投资赚取收益

日常生活理财并非一味省钱、存钱，我们还要试着做些投资，参与一些投资活动，赚取投资收益，让自己的资金增值。这就要求每一位理财人士都需掌握相关的投资理财知识，从而找到适合自己的投资渠道。

第 9 章 炒：投资升级积极博取高收益

有一些收益率更高，投资回报率也更高，同时风险也更大的投资工具，比较适合风险承受力大的、愿意积极博取高收益的投资者。

第1章

| 理 |

掌握真实的收入与支出情况

每个想要做理财的人，首先要理清自己，掌握自己真实的收入与支出情况，才能根据自己的实际开销与资金闲余程度，制订出适合自己的理财计划。

1.1 摸清家底儿，清楚实际情况

事实上，很多人的家庭资产状况就是一笔笔糊涂账，一边开销，一边收入，既不知道家庭真正开销了多少，也不知道家庭的总收入为多少，总是抱着反正还有余钱储蓄就可以了的想法。

显然，这种既不提前规划，也不提前安排的理财思维是错误的。我们做生活理财就要从家庭资产入手，理清家庭的资产、负债状况，分析家庭的消费模式，评估家庭的财务状况，判断家庭资产的健康状态，理清自己家底儿的实际情况，才能底气充足、轻松上阵。

No. 001 咱家的收入渠道有哪些

家庭收入是支撑一个家庭正常开销的来源，除了常见的工资收入之外，许多家庭还有其他的收入来源，例如出租房屋的收入、股权分红收入以及基金收益等，这些收入共同组成了我们的家庭资产。因此，为了更好地规划家庭资产，我们必须要清楚家庭收入基本渠道。

整理家庭收入渠道最常用到且实用性最强的方式，还是制作表格。将收入渠道、收入数额、收入频次等关键信息通过直观的表格列举出来，可以便于查看和分析。

图 1-1 所示为家庭收入表模板，可以直接利用。

收入来源		1月	2月	3月	4月	5月	6月	7月	8月	9月	10月	11月	12月	年终
工资收入	先生收入													
	妻子收入													
公积金	先生收入													
	妻子收入													
兼职	先生收入													
	妻子收入													
出租房屋														
理财														
年终奖	先生收入													
	妻子收入													
总计														

图 1-1　家庭收入表

整理完成之后，还要对收入渠道进行简单分析。当收入渠道过于单一时，应适当开拓其他的收入渠道，降低单一收入的风险性；当收入渠道过多，但各渠道的收入并不高时，需要适当减少渠道，以便将自己的重心放在关键性的收入渠道上，从而提高整体收入水平。一般来说，家庭每月的稳定收入渠道在 5 条以内都比较健康。

No.002　一直挣钱却不见钱，钱去了哪儿

"钱去了哪儿"是很多人常常挂在嘴边的一句话，我们每天都在上班挣钱，但查看账户才发现里面的余额寥寥无几，这也就出现了前面的抱怨。那么，我们挣的钱究竟去哪儿了呢？

实际上，我们不知道钱去了哪儿，是因为自身没有对资金的花销提前做规划，也没有在事后做整理。想要知道钱去了哪儿，就需要绘制一张家庭支出表格，根据实际支出项目和数额进行记录，才能在了解资金去向的同时，减少不必要的开销，实现节约省钱的目标。

图 1-2 所示为家庭支出表模板，可以直接利用。

支出项目		1月	2月	3月	4月	5月	6月	7月	8月	9月	10月	11月	12月	年终
衣	衣服													
	鞋子													
	饰品													
食	买菜													
	外食													
	水果													
	零食													
住	水电													
	房租													
	网费													
	燃气费													
行	油费													
	车费													
乐	旅游													
	出玩													
健康	生病													
	体检													
	保健品													
其他														
总计														

图 1-2　家庭支出表

No. 003　有余，也有债，你的资产真的清楚吗

通过整理我们会发现，很多时候虽然我们手里有闲余资金，但同时还可能承担了一些债务，这些债务可能是短期的，也可能是长期的，那我们的资产收支真的平衡吗？会不会出现资不抵债的情况呢？

在企业的财务管理中，为了能够更精准地查看企业财务状况就会编制资产负债表，而生活理财中我们也可以编制家庭版的资产负债表，将资产和负债情况列举出来，查看家庭财务状况。

编制家庭资产负债表时要注意以下四点内容：

①资产负债表的编制时间，比较常见的是年底编制。

②以市价计量的资产及净值更能反映真实的资产状况。

③汽车等自用性资产可计提折旧以反映市场价值随着使用情况而降低。

④编制家庭负债表，围绕"资产－负债＝净值"这一核心公式进行。

图 1-3 所示为家庭资产负债表模板，可以直接利用。

资产负债表				
	分　类		主要项目	金　额
资产	流动性资产		现金	
			活期存款	
			货币基金	
	流动性资产合计			
	投资性资产	金融资产	定期存款	
			股票	
			债券	
			基金	
			债权	
		金融资产合计		
		实物资产	投资用房产	
			黄金	
			首饰	
			其他	
		实物资产合计		
	投资性资产合计			
	自用性资产		自用房产	
			自用汽车	
	自用性资产合计			
	资产总计			
负债	消费性负债		信用卡	
			小额消费信贷	
	消费性负债合计			
	投资性负债		投资用房贷款	
			金融投资借款	
			实业投资借款	
	投资性负债合计			
	自用性负债		自用房贷款	
			自用汽车贷款	
	自用性负债合计			
	负债合计			
	净值			

图 1-3　家庭资产负债表

No.004 财务体检，检查家庭资产的健康程度

在厘清了家庭资产的结构后，还要做好财务分析，检查家庭资产的健康程度，才能制订出明确的理财目标和投资决策。

判断家庭资产的健康情况可以从以下四个方面来入手：

◆ 资产负债率

大部分的家庭或多或少都会有负债，适当的负债可以提升资金的利用率，但负债过多则意味着债务本金和利息费用等过多，将降低家庭现金的净流入，减少家庭资产。严重时，还可能出现资不抵债的情况。

为了避免这一情况，我们引入资产负债率的计算，其计算公式如下：

资产负债率 = 总负债 ÷ 总资产 ×100%

当资产负债率小于 40% 时，一般认为家庭债务处于能够偿还的可控范围，债务状况比较健康。但是，当资产负债率大于 50% 时，就应该引起警惕了，可能会触发债务危机。

◆ 债务偿还比率

如今大部分的人都身负房贷和车贷，每月领到工资之后首先要偿还各类贷款，然后将余钱用于生活。那么，你有计算过你的债务偿还比率真的健康吗？

债务偿还比率指的是每月偿还本息与每月收入的比例，其计算公式如下：

债务偿还比率 = 每月偿债本息 ÷ 每月收入 ×100%

当债务偿还比率过高时会给家庭生活带来巨大的压力，严重影响正常的生活水平，更没有抵御外来风险的能力。通常来说，债务偿还比率应该控制在 30% 以内，这样才能保障家庭的正常生活开支。

◆ 结余比率

结余比率指的是我们每月的结余资金占收入的比例，该数值越大，说明家庭财富积累的速度越快，我们的收入在满足正常开销之后还能快速增长。因此，它是判断家庭资产健康情况的关键性指标，其具体计算公式如下：

结余比率 = 结余 ÷ 收入 ×100%

通常情况下，一个家庭的每月结余比率或者是每年结余比率应该保持在 30% 以上，这样的比率反映的是比较健康的财富积累速度。

◆　流动性比率

流动性比率指的是家庭流动性资产是否能够应对每月支出的一个比率。通常每个家庭都会预留一部分流动性资产来作为日常开销，如果流动性资产不足以支付日常每月的开销，则可能会影响家庭的正常生活。流动性比率的计算公式如下：

流动性比率 = 流动资产 ÷ 每月支出 ×100%

其中的流动资产包括活期存款、货币基金等，这类资产能够快速变现。流动性比率控制在 1.2 ~ 2.5 比较适合，也就是说我们不能够将所有的流动性资产用于理财投资，应该预留足够的现金性资产来应对未来 3 ~ 6 个月的家庭开支。

通过上述的几个指标，我们可以对自己的家庭财务状况做一个检查，判断其健康程度，对需要改进的地方进行改善。除此之外，还要懂得控制自己的消费欲望，合理消费，才能提高理财意识。

1.2　财务提前规划，不要等爆发了才做

财务规划在企业中经常可以看到，但在个人或家庭理财中的财务规划则有所不同。这里的财务规划是指从个人或家庭需要为出发点，使财务从健康到安全，从安全到自主，最后实现财务自由的过程，并在此过程中实现创造财富能力的提升。

因此，通过有效的财务规划可以降低财务风险，提高抵御风险的能力，还能让资产实现增值，一举数得。

No. 005 设置四大账户，各司其职

四大账户来自标准普尔家庭资产象限图理论，它将家庭资产分为 4 个账户，这 4 个账户分别有不同的作用，且账户中的资金比例也不同。图 1-4 所示为标准普尔家庭资产象限。

要花的钱　占比 10%
例如：短期消费
该账户用于家庭中的日常开支，包括生活费、话费和购物等。一般需预备 3 ~ 6 个月的额度。

保命的钱　占比 20%
例如：意外重疾保障
该账户主要用于解决家庭中突发性的重大开支，避免家庭因为意外而影响正常的生活。

生钱的钱　占比 30%
例如：投资股票、基金等
该账户重点在收益，即通过合理的投资管理，让资产得到增值。

保本升值的钱　占比40%
例如：养老金、子女教育金等
该账户主要是在保障资金安全性的基础上适当获取一些收益，因此该账户的资金应投资一些本金安全，收益稳定的产品。

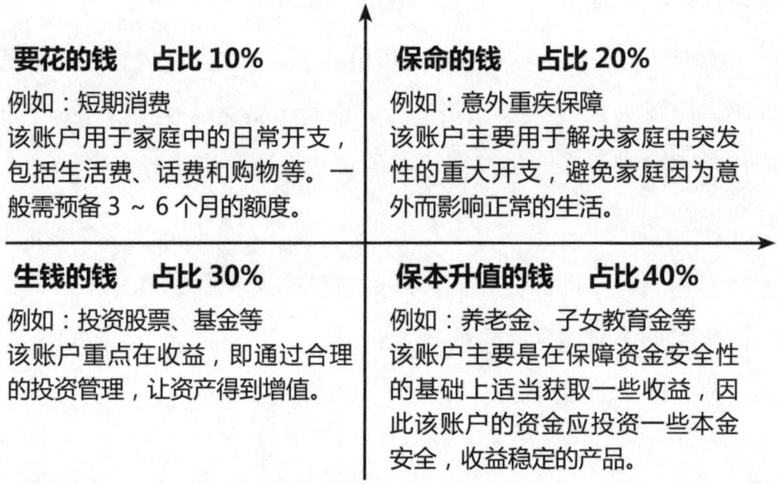

图 1-4　标准普尔家庭资产象限

该图所示的资产配置方式被公认为是最合理、稳健的家庭资产分配方式，因此，我们可以按照四大账户的比例合理设置，分配家庭资产，以便让家庭资产实现长期、稳定、持续增长。具体操作如下：

◆　第一个账户：日常开销账户

第一个账户是"要花的钱"，负责日常生活的开销，通常占据家庭资产 10% 的比例，以活期储蓄、货币基金和现金为主。该账户的控制重点在

于严格把控比例，将比例控制在 10% 以内，很多人之所以存不下来钱，就是因为在该账户花销过多，占比过大。

◆　第二个账户：杠杆账户

第二个账户是"保命的钱"，也是杠杆账户。它通过杠杆，以小博大，解决家庭中的一些意外的突发性事件，保障家庭生活的稳定性。这个账户的资金主要用于购买意外伤害和重症疾病的保险，一旦家庭出现这类情况，可以保障家庭有足够的钱来保命。

◆　第三个账户：投资账户

第三个账户是"要生钱的钱"，即投资账户，设立该账户的目的是想通过投资让家庭资产增值。因为投资存在风险，所以为了维持家庭的稳定，该账户的资金比例应该占据家庭资产的 30%。投资的渠道有很多，包括基金、债券、股票等，按照自己感兴趣且擅长的方向进行投资即可。

◆　第四个账户：长期收益账户

第四个账户是"保本升值的钱"，也就是长期收益账户，该账户一定要保证本金安全，且跑赢通货膨胀，所以用该账户资金所做的投资的收益率不一定高，但却要长期稳定。该账户一般占据家庭资产的 40%，这一比例不会使家庭资产发生重大变化。

另外，该账户最重要的特点在于不能随意取出使用，要注重长期稳定性。

No.006 明确记账，管理开支

很多人每个月存不下来钱是因为自己对资金缺乏规划，花钱大手大脚，想要改掉这一习惯就一定要养成记账的习惯。记账不仅能够使家庭成员清楚掌握家庭开销的状况，合理规划消费和投资，还能够培养良好的消费习惯，提高个人对财务的敏感度和理财水平。

记账最简单的就是利用记账 App，如今市面上的记账软件数量繁多，我们需要根据实际需求进行筛选。记账软件大致上可以分为生活记账软件、资产记账软件和团队记账软件。表 1-1 所示为市面上常见的记账 App。

表 1-1 常见的记账 App

App 名称	图　标	分　类	特　点
鲨鱼记账		生活记账	鲨鱼记账操作简单，用户能够轻松上手，实现 3 秒钟极速记账，同时还具备图表功能，能够帮助用户分析消费状况，让用户能够对自己的消费行为做出改善
喵喵记账		生活记账	喵喵记账是一款以收集猫咪为主题的趣味性萌宠记账软件，页面丰富、趣味十足，操作简单
口袋记账		生活记账	口袋记账是一款操作简单，容易上手的手机记账软件，通过时光轴的设计，以及一键报表生成等功能，简单地解决了用户的记账需求
青子记账		生活记账	青子记账是一个小清新风格的记账软件，其页面清新简单、干净，无社区分享，无各种理财的推荐
随手记		资产记账	随手记是一款个人理财手机应用。采用了完全按照生活场景设计的理念，即使用户在购物或旅游过程中也能随时随地记账
圈子账本		团队记账	圈子账本是一款支持多人协作的记账软件，有账本、圈子两大功能，其中账本功能解决个人记账、家庭共享记账、生意合伙人记账等需求；圈子功能主要帮助结伴旅行、兴趣团体、同事、朋友解决 AA 制记账算账问题

No. 007　量入为出，合理控制

量入为出是指根据收入的多少来决定开支的额度。然而，在实际生活中，我们常常在各类社交平台上看到各种各样奢侈、惬意的生活，如旅游打卡、奢侈品炫耀等。而在网络背后，多少人为了维持这样奢靡的生活而深陷各种消费陷阱、消费诱惑。为此，我们尤其应该注重"量入为出"，理性控制购物欲，合理运用各类优惠券、促销打折优惠，精打细算过合理的生活，而非陷入表面的"精致"生活。

量入为出讲究合理控制，一方面控制我们的消费欲望，另一方面还要控制并管理资产，这样才能让人从真正意义上富起来。比较典型的就是国外一些体育明星，这些人曾经有过几百万几千万甚至上亿美元的收入，但是退役没几年就破产了。但有些人从事着不够高薪的工作，比如收废品、维修汽车、经营五金店、装修房屋等，但是由于他们不追求高消费，却可能比那些高薪的白领拥有更多的个人资产。这就是量入为出带来的结果。

量入为出要求我们分清资产和负债，不超前消费，也不过度消费。

1.3　控制自己，避免冲动消费

合理规划财务还要求自我管理、控制，克制自己的消费冲动，明确自己的购物需求，减少不必要的浪费，做到理性消费，才能够从根本上解决问题。

No. 008 警惕本能的冲动消费

生活中我们常常会遇到这样的场景：在商场中，受到打折促销的影响，觉得不买就会吃亏，一时冲动买下物品，可回家之后发现这些物品并非自己喜欢的，有的甚至一点用处都没有，这就是冲动消费。

冲动消费是指在外界因素促发下所进行的事先没有计划或者无意识的购买行为，所以冲动消费具有事前无意识、无计划，以及在外界促发下形成的特点。同时，冲动消费并不会因为一次两次的失败购物经历而减少，反而会让人陷入"优惠心动—冲动消费—后悔"的循环中，不断浪费更多的钱。故此，我们一定要学会抑制冲动消费，可以从以下四个方面入手：

①**支付时尽量使用现金**。随着科技的快速发展，我们逐渐进入无现金支付的环境中，大多数人消费购物都习惯用微信、支付宝，很少有使用现金的情况。但是，用微信、支付宝购物时没有实感，对很多人来说都只是手机屏幕上的数字，触动并不大。现金则不同，尤其是在大额支付时，现金支付明显更让人犹豫，也让人更理智。

②**账户中只留够生活的费用**。不管是储蓄也好，投资也罢，我们尽量不预留过多使用资金。一旦出现购物欲，有限的生活费用可帮助你避免一些可有可无的消费。

③**避开一些容易花钱的环境**。习惯冲动消费的人往往是一些意志力比较薄弱，容易受到外界环境影响的人。对于这类人，应该尽量避免一些容易花钱的环境，例如展销会、商场促销活动、买一赠一活动等，面对这类环境，他们的抵抗力通常为零。

④**购物时多问自己一句，真的需要吗**？冲动消费的人往往在购物的那一刻缺乏理智，但此时只要问自己一句，真的需要吗？则可以让自己快速冷静下来，降低冲动性。

No. 009 改变消费观念，只买对的

不同的人其消费观也不同，一般来说有两种：一种是看到优惠、便宜，就果断入手的人，他们认为买到就是赚到，就算现在用不到，以后也会有用处，殊不知这本身就是一种浪费；还有一种人，只买贵的不买对的，认为只要是贵的就是好的，一味地追求名牌奢侈品。

显然，这两种消费观都是不正确的，我们做财务规划，首先要建立正确的消费观念，即在自己的能力范围之内，购买真正适合的、实际所需的、有价值的、对的物品。只有这样的物品才能在本身实际功能上对日常生活产生帮助，同时满足精神需求，让人有一种可持续性的购物欲。

培养并建立正确的消费观，需要从生活的细节做起，在正确的消费观的指导下，不仅可以满足正常的开销，还能拥有一定的储蓄，保证了生活的顺利进行以及生活质量的提高。具体从以下三点入手：

注重实用性。在购物时要注重物品本身的实用性，以便在保证日常使用的情况下，勤俭节约，提高物品的使用频率。同时，尽量避免追求一些时尚潮流，或是时效性较强的物品。

注重产品质量。在购物时要注重产品的质量，切忌不要因为便宜而购买一些质量较差的物品，损耗较快，体验不好，还有可能花费更多的钱。

切忌攀比。攀比心是很多人错误消费的源头，每个人都有自己的生活，不要羡慕别人的生活，过好自己的生活，经营好自己的生活就好。盲目地攀比，会增大自己的经济压力，给自己带来负担，严重时甚至会影响正常的生活。

No. 010 不立即付款，给缓冲时间

不立即付款是一种比较有效的自我消费管理和控制方法。很多人消费可能是一时冲动，但冲动的劲一过就开始后悔，此时却已经付款了。为了降低这一情况的发生率，我们可以延长购物时间，给自己充分缓冲的时间，来确定自己的心意，一方面考虑是不是确实需要，另一方面考虑是不是真的适合。这个缓冲的时间可以让人更清晰、冷静地分析。

不立即付款非常简单，以商场买衣服为例，当我们在商场看到一件衣服时，经过销售人员一番赞美，可能不适合的，也买了。但如果此时说："我再看看，考虑一下"离开那个环境后，再确认那件衣服是否适合。

在网上购物时，以淘宝为例，可以将心仪的物品放进购物车，而不是当即下单购买。过段时间去看，也许你已经不喜欢了购物车的东西了。

购物缓冲时间也被称为"购物冷静期"，即防止消费者冲动购物的理智时间。随着社会的进步，实际上很多的商家或消费场所都提供了购物冷静期，保障消费者的后悔权，防止冲动购物。例如上海、深圳等多地试点健身房预付卡消费"冷静期"，如果用户冲动办卡后悔了，消费者可以在7 天冷静期内要求退款。又如，网购中的 7 天无条件退款，都是购物冷静期。

随着快捷便利的消费成为消费常态，我们更应该保持头脑的冷静，防止冲动性消费。

第 2 章

| 购 |

学会聪明地买买买

　　省钱是生活理财中的重要组成部分，但省钱并不是让我们不花钱、不购物，而是要学会聪明地买，实惠地买，让我们既能买到称心如意的物品，还能不花冤枉钱。

2.1 商场／超市买东西不一定标签价

商场／超市都是不能讨价还价，直接按标签销售商品的地方。那么，是不是我们在商场／超市购物就只能按照标签价格支付呢？当然不是，即便是商场／超市这些地方也有省钱的妙招，下面我们来了解一下。

No. 011 买菜看准时机更实惠

瓜果蔬菜是我们每日的必需品，也是日常开销中的一项重大支出，如果能够合理减少这部分开销，能节省不少钱。

超市是许多人日常买菜的主要渠道之一，因为其明码实价，不会出现缺斤少两的情况，且种类众多、选择余地较大。但是，超市买菜是不是只能按照标签价格购买呢？

其实不是，我们仔细观察可以发现事实上许多的生鲜超市会在每天19:00 点或 20:00 点后打折促销，且打折力度较大，消费者能感受到实实在在的优惠。其中的促销产品，除了瓜果蔬菜之外，甚至还包括面包、凉菜、卤味、盒饭等，种类丰富。

需要注意的是，消费者不必担心这些瓜果蔬菜是不是即将坏掉，或是过期的产品，超市每天对这些商品打折促销主要存在以下两个原因：

①生鲜食品都是有损耗的，如果生鲜食品不在当天销售完，可能就不新鲜不能卖了。如果要保存这些蔬菜，就需要耗费冷藏费、保鲜费用和人

力成本，还需要仓库空间。这样计算下来，还是打折促销更划算。

②超市一般重视品牌，尤其是大型商超，更是重视企业的品牌文化，如果生鲜食品不新鲜，会大大降低企业的品牌诚信度。所以为了留住超市在人们心中"产品新鲜"的印象，超市会每天促销掉相对不那么新鲜的生鲜产品。

超市促销打折的时间与职场人士的休息时间比较契合，因此，可以在下班之后到附近的大型超市转转，买点实惠且优质的菜品，丰富自己的餐桌。

No. 012 利用商场的各类促销活动

为了吸引更多的客流，商场常常会开展各种各样的促销活动，甚至有时候一个月就有两到三个活动，例如 12 月的平安夜、圣诞节和跨年活动等。这些活动的优惠力度不同，但是都要比平常便宜，因此，我们将一些不急着用的产品推到促销活动时再购买更划算。

商场的促销活动虽然有很多，但是具体来看分为以下三种类型：

◆ 开业促销活动

开业促销活动是商场与客户建立良好关系的第一站，且只有一次，可以说开业促销活动的成功与否在很大程度上影响了客户今后是否会再度光临，具有重要意义。因此，很多商场为了将附近的居民吸引过来，会提前几天开始预热，还会给出真正诚意满满的优惠力度，所以消费者对于这类的开业促销活动不要轻易放过。

◆ 周年庆典促销活动

商场周年庆典促销活动的重要性仅次于开业促销活动，因为这类促销活动每年只有一次，所以商场内的商家通常会给出比较优惠的条件来配合商场的活动。同时，为了回馈老客户对商场的支持，很多商场还会在周年庆典中对老客户开展一些优惠活动。

◆ 例行节日促销活动

例行节日促销活动就是情人节、中秋节、端午节以及国庆节等节日，是为了迎合国庆节日、民俗节日或是地方习俗而举办的促销活动。目的就是为了吸引新老顾客光临，刺激消费，但这类促销活动频率较高，通常一个月都会举办两三次，所以优惠力度并不大。

综上所述，消费者在商场购物时应该结合商场各类型的促销活动，进行购买，才能够真正买到实惠好物。

No.013 反季节购买更划算

反季节购买是指在夏季的时候购买冬季的物品，在冬季的时候购买夏季的物品，这样购买价格比应季时要便宜很多。

以夏季购买羽绒服为例。夏季购买羽绒服价格比冬季购买便宜很多，有的甚至只是正价的 20%、30%，消费者可以真正享受到实惠。而造成夏季羽绒服便宜的原因主要有以下两点：

①夏季羽绒服需求量较低，销售淡季，为了回笼资金会全面降价。

②夏季促销的羽绒服款式通常是去年或是前年的库存，服装库存是逐年折价的，对于卖家来说，即使打折销售，也是赚钱的。

但是，反季购买虽然便宜，也要注意一些问题。以服装为例，反季节的衣服不要赶时髦，因为反季促销的衣服通常为去年或前年的款，现在已经不流行，所以盲目追求时髦并没有用。相反，应该选择一些经典的款式，这样更合适，例如职业装、大衣等，颜色上主要以黑色、白色和米色为主，这样既不容易过时，搭配起来也很轻松。

No. 014 善于和营业员沟通得优惠

除了商场的优惠打折之外，实际上商场内的专柜营业员的手中也有一些优惠折扣，只要你能与营业员保持良好的沟通，就能获得一些不错的优惠折扣。以化妆品为例，如果消费者可以和营业员良好沟通，保持好的关系，就算不能得到优惠，也能得到一些商品的小样或是赠品。

实际上大部分的营业员都非常专业，也乐意与客户沟通，并提供服务，但是为了能够与营业员更顺畅地沟通交流，作为消费者还是要提前做一些相应的准备工作。以化妆品专柜为例，我们去专柜之前可以提前做好以下工作：

①**提前了解品牌**。我们去专柜之前应提前了解该品牌的相关内容，只有先对该品牌进行了解并肯定了之后，才会对该品牌的产品和营业员产生信赖感。

②**必要的问题不能省**。很多人进店消费总是很讨厌营业员问东问西，但是殊不知很多环节是不能省略的，需要了解清楚才能做正确地选择。尤其是护肤品、化妆品，这类直接与皮肤接触的产品，即便是同一种产品也不一定适合所有人，有的人使用之后感受良好，但有的人会过敏。因此，很多营业员会在推荐之前问一些皮肤状况的问题，还有日常的护肤选择，以及年龄等。如果你是敏感肌，还要更注意产品的成分，选择偏温和的配方，并在手的脉搏处和耳背位置先做测试，再决定购买。

③自己要对自己的皮肤有基本的了解。只有自己了清楚自己的皮肤状况，入手化妆品才会变得更容易。由于每个人的肤色都不同，例如冷色、暖色或中性基础色，且不同的肤色适合不同的产品，根据营业员的专业意见选择产品即可。

最后，只要你保持真诚的态度与营业员沟通交流，彼此尊重理解，都能保持良好的沟通。

2.2 团购，大家拼着买更便宜

团购即团体购物，具体是指认识或不认识的消费者联合起来，加大与商家的谈判能力，以求得最优价格的一种购物方式。团购让消费者享受到更大的优惠力度，而商家也愿意通过这种薄利多销的方式做团购促销，是一种互惠双赢的合作模式。

No.015 团购网直接购，简单又方便

团购网是指可以进行团购的网络组织平台，该平台借助互联网的便利性将互相不认识的消费者聚集起来，加大与商家的谈判能力，以求得最优的价格。其中，使用最多的团购网就是拼多多，下面以拼多多为例进行介绍。

拼多多是国内主流的团购App，旨在凝聚更多人的力量，用更低的价格买到更好的东西，体会更多的实惠和乐趣。用户可以发起团购的方式邀请朋友、家人、邻居以及陌生网友等参与拼团，以更优惠的价格购买产品。另外，用户还可以直接参与拼团，购买产品，享受优惠。接下来，我们针

对两种方式分别进行介绍：

　　◆　发起团购

　　进入拼多多 App 首页，选择一个心仪的商品，进入商品详情页面，了解商品概况，确认无误之后点击"发起拼单"按钮，如图 2-1 所示。

图 2-1　发起拼单

　　进入商品款式选择页面，选择相应的款式和数量，点击"确定"按钮，进入支付页面，在页面设置收件人信息，最后点击"立即支付"按钮，即可完成支付，如图 2-2 所示。

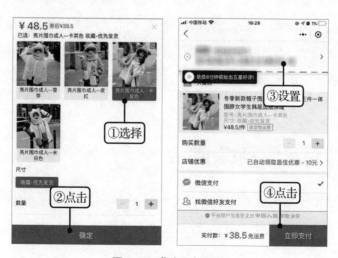

图 2-2　成功发起团购

◆ 参与团购

参与团购同样首先需要进入拼多多App首页，选择一个心仪的商品，进入商品详情页面，了解商品概况，确认无误之后在商品下方的拼单栏中点击"去拼单"按钮，即可参与团购，如图2-3所示。

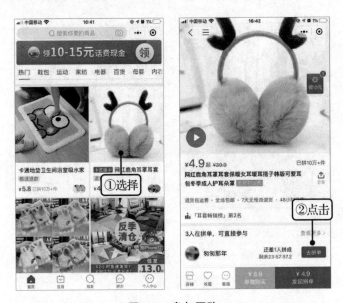

图2-3　参与团购

之后与发起团购一样，确认商品的款式和数量，完成支付即可。以上述这个鹿角耳罩为例，如果消费者以团购的方式购买价格为4.9元，但如果单独购买则为8.9元，中间相差了4元，所以利用团购网购物确实能为消费者节省不少的开销。

No.016 批发网站享受批发价

想要购买价格实惠的商品，批发网是一个不错的途径，它通常是一些商家的线上进货渠道，卖家以量大取胜，薄利多销，所以价格比较便宜。因此，一些可以储藏的、消耗较快的商品，消费者可以通过批发网来进行购买，能够得到批发价格，更划算。

以卫生纸为例，家庭生活离不开卫生纸，一个家庭每年都需要大量的卫生纸。如果我们在批发网购买卫生纸，图 2-4 所示为某批发网的某卫生纸价格。

图 2-4　批发网价格

同样的卫生纸在某购物网上买，价格如图 2-5 所示。

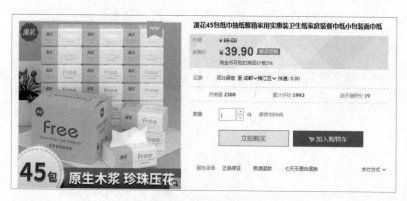

图 2-5　某购物网价格

同样购买 45 包，批发网价格为 27.9（0.62×45）元，但某购物网需要花费 39.9 元，相差了 12 元。可见，利用批发网购物确实能节省不少开销。

市面上的批发网有很多，这里整理了一些比较常见且实用的批发网，如表 2-1 所示。

表 2-1　常用的批发网

名　　称	网　　址
阿里巴巴热销市场	https://re.1688.com/
全球纺织网	https://www.tnc.com.cn/
中国供应商	https://cn.china.cn/
生意网	http://www.3e3e.cn/
91 家纺网	http://www.91jf.com/

No. 017　添加团购群，找志同道合的朋友

团购群就是团购商品的群，根据群的圈子不同可以分为小区团购群、亲友团购群，甚至网友团购群。群购买的商品种类丰富，包括日常生活用品、代购品、护肤品、化妆品、衣服、鞋子等。群内将有共同需要的人聚集起来一起购买，比单独购买要便宜很多。

不过，很多消费者都苦恼不知道怎么找团购群，下面介绍比较实用的三种寻找方法：

◆　网络搜索

团购群在互联网中发展很快，通常在社交软件的基础上，以聊天群的方式存在，然后利用小程序来进行买卖交易。例如微信，用户可以在微信上直接搜索当地的社区团购群，手机微信也会显示一些搜索网页的信息、公众号推荐、类似文章和问答等内容，如图 2-6 所示。

图 2-6 微信搜索团购群

除微信之外，QQ 群搜索功能也可以帮助我们找到许多的团购群，图 2-7 所示为 QQ 搜索团购群的结果。

图 2-7 QQ 搜索团购群

需要注意的是，根据互联网搜索团购群的查找方式，存在一定的风险，网络中的信息较为繁杂，鉴别难度也较大，被骗的概率也很高，所以要仔细甄别。

◆ 加入社区团购群

为了方便小区居民的生活，很多的物业或社区门店都会做社区团购群，聚集小区居民的共同需求，然后团购回来，并将社群门店或物业管理中心作为货品自提处，方便居民提取。

社区团购群的群主通常为物业管理人员，或者是社区门店的店长，消费者可以通过店家或物业了解入群方法。

社区团购群围绕社区展开，可靠性更高，便捷性也更强，能够切切实实地让社区消费者享受到优惠。

◆ 亲戚朋友群

如果你的身边有店长、宝妈这类的朋友，可以询问他们有没有做团购群或者加入团购群，如果有可以直接加入这类团购群，这类团购群通常经过了朋友的验证，更值得信赖。

2.3 网购省钱的妙招不可不知

网购打开了新的购物渠道，让地域不再作为购物的限制性条件，人们可以买到世界各地的商品。网购的人虽然多，但真正得到优惠的人却不多。其实，网购中隐藏着很多省钱的妙招，通过这些方法同样的商品我们往往可以以更低廉的价格购进。

No. 018 二手网站捡漏

二手网指的是一些专门为买卖商家提供交易信息的二手市场交易网。当我们想要购买一件商品，发现其正价较高时，可以先去二手网站转转，也许可以捡漏一些九成新、八成新的同类商品，价格却要低很多。图 2-8 所示为二手网与某购物网的商品价格对比。

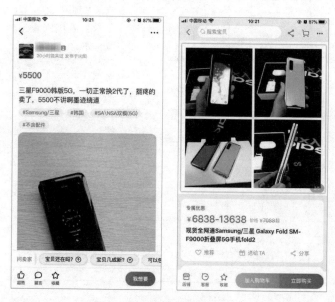

图 2-8　二手网与购物网对比

但是，二手网购物比较适合一些家用电器或是数码产品等物品，这类商品使用范围广泛，局限较少。如果是购买衣服这类的商品，可能就会出现尺寸不合适的情况。

市面上的二手网有很多，并且除了综合性的二手网站之外，还有许多单独针对某一类商品的二手网站，例如二手车交易网等。表 2-2 所示为常用的一些二手网。

表2-2　二手网

名　称	图　标	类　型	特　点
闲鱼		综合类	阿里旗下,平台强大,系统完整,操作简单方便
转转		综合类	转转交易网中商品分类齐全,模式多样,支持拍卖
回收宝		手机回收平台	回收宝是一款专业的手机回收平台,专门回收手机、平板和笔记本
多抓鱼		书籍	多抓鱼是一个主营图书和耐用消费品二手循环服务的软件
蜂鸟二手		摄影器材	蜂鸟二手交易平台是专门提供摄影器材交易、回收、选购的平台
转家居		家具	转家居为家具转让交流平台
花粉儿		母婴、女性闲置品	花粉儿是一款以爱美、爱时尚的女性用户为主体的,闲置物品交易平台

No.019 直播间购物享优惠

　　如今直播已经成为一个热门的趋势,企业和消费者都逐渐接受了这种新型的销售渠道。但仍然有很多消费者会产生疑虑,有的直播间会出现商品火爆,卖货链接一发出就瞬间爆仓的情况,这些商品消费者可以自己直接在官网上或购物网上下单购买,为什么一定要通过直播间购买呢?

　　最大的原因在于比起网购,直播购物更直观,价格更实惠。消费者通过直播间购物的价格比直接网购的价格更低，主要原因有以下三个：

①直播间主播在招商时往往都会要求厂商拿出产品的历史最低价进行销售，此时的价格就商品而言已经处于较低的优惠价格了，消费者在该价位购买比较划算，不容易吃亏。

②直播间常常还会开展一系列的优惠活动，具体如下：

◆ **关注主播领优惠**：许多直播间新粉丝进入，关注主播可以领取优惠券。不同的直播间优惠券额度不同，一般在 5 元 ~ 20 元。

◆ **分享领取红包**：直播间内分享内容给亲朋好友就可以领取优惠券。

◆ **观看时长**：粉丝进入直播间观看时长满足要求就可以领取红包，一般在 20 ~ 30 分钟。

◆ **整点红包**：许多直播间会在黄金时间段发出一些整点红包，例如 21:00、22:00 或 23:00 等。

◆ **点赞数**：有的直播间点赞数累积到一定数额时会发出优惠券。例如满 8 万赞发优惠券，当直播间内的赞第一次满 8 万时主播会发出优惠券，下一次满 16 万赞时主播又会发一次优惠券，以此类推。

◆ **增粉数**：增粉数与点赞数类似，当主播的粉丝累积一定数额时就会发出优惠券。例如 50 粉丝数，即主播每增加 50 名粉丝就会发出优惠券。

◆ **抽奖活动**：直播间内常常会做一些抽奖活动，例如定时抽奖、半点 / 整点抽奖，不同的直播间奖品不同，可能是商品、赠品，也有可能是优惠券。

③直播购物可以得到更多的赠品，尤其是护肤品和化妆品。以希思黎全能乳液为例，该商品 125mL 在官网中售价 1 800 元，双十一活动期间，在某直播间领券到手价 1 520 元，而且还要送 100mL 花水正装，送 60mL 全能乳液正装，咖啡杯以及其他小样。

综上所述，可以看到直播间购物确实比较划算。消费者在日常购物中，如果时间比较充裕，可以优先考虑直播间。

No. 020 找店铺客服返现

很多消费者并不知道，其实在购物之后有的商品是可以找店铺客服返现的，返现即返还部分现金。当然，我们这里提到的"返现"不是好评返现，好评返现是商家为了得到好评而采取的不良竞争手段，目前基本已被禁止了。找店铺客服返现主要有以下几种情况：

◆ 保价补偿差额

保价补偿差额是店铺客服返现比较常见的一种情况。我们在购物时，商品保价到某一时点，期间店铺承诺不会降价。但有时，却会出现刚入手某商品，却突然降价，此时我们就可以联系客服，要求补偿差价，降低损失。通常情况下，客服核实情况属实，就会返现。

◆ 沟通返现

沟通返现指的是买家购买完商品，使用后发现商品存在一定的瑕疵或问题，但不影响正常使用。此时，可以及时联系店铺客服，将商品的实际情况说明清楚，附带照片或视频，通常客服会给予买家一定的补偿，即返现。

◆ 微信返现

微信返现是店铺运用较多的一种返现方式，卖家想要维护客户关系，以达到二次开发或多次开发的目的，常常会建立一些微信群邀请更多的买家入群。所以，买家与客服人员沟通时，常常会收到入群邀请，且这样的邀请一般都伴随着返现。

所以，即便交易完成，消费者也可以根据实际情况找寻店铺客服，寻求返现机会。

No. 021 抓住电商购物"节日表"更划算

前面介绍过实体店常常会做店庆促销，或是节日促销，电商平台也是如此，除了传统的节日之外，还有西方节日和为迎合一些特别的时间或节点而创造的电商节日。消费者购物时抓住这些节日活动的时间，往往可以享受到更优惠的价格。

表 2-3 所示为一年中的电商节日。

表 2-3　电商节日表

节　　日	时　　间	说　　明
618 购物狂欢节	6 月 18 日	618 本来是京东的店庆日，京东每年都会在这一天做大力度的促销活动。近年来，越来越多的电商平台也参与进来，618 渐渐成为一个比较大型的购物狂欢节
双十一购物节	11 月 11 日	双十一购物狂欢节源于淘宝商城 2009 年 11 月 11 日举办的网络促销活动，当时参与的商家数量和促销力度有限，但营业额远超预想的效果，于是 11 月 11 日成为天猫举办大规模促销活动的固定日期
双十二购物节	12 月 12 日	双十二与双十一类似，是各大电商推出的购物狂欢节，折扣力度较大
年货节	时间不固定	年货节是阿里巴巴基于双十一、双十二以后再次开拓的第三个节日，目的在于购好物过好年

除了上表介绍的基础电商节日之外，一些电商平台还会根据平台的特点，或是不同的时间节点，推出不同的节日活动。因此，消费者需要提前关注各类平台的节日活动宣传。以天猫平台为例，2020 年的活动如表 2-4 所示。

表2-4　2020年天猫平台节日活动

时 间	活动名称	时 间	活动名称
1月1日~1月8日	家装新年惠	3月30日~4月1日	玩具节
1月11日~1月12日	母婴进口大赏节	3月30日~4月1日	愚人节
2月1日~2月14日	天猫过年不打烊	4月7日~4月12日	出游季
2月12日~2月14日	天猫情人节	4月5日~4月8日	美甲节
2月7日~2月14日	年货不打烊	4月5日~4月8日	粉丝节
2月20日~2月26日	托马斯总动员	4月8日~4月12日	家装大促
2月20日~2月26日	开年总动员	4月9日~4月11日	天猫婚博会
2月22日~3月31日	油漆涂装节	4月13日~4月22日	天猫校园季
2月22日~2月23日	天猫灯饰节	4月18日~4月20日	超级大牌狂欢
2月22日~2月24日	天猫奥特莱斯	4月22日~4月27日	天猫男人节
2月26日~2月28日	天猫睡眠节	4月23日~5月3日	家装O2O活动
2月25日~3月2日	美妆春光节	4月25日~4月29日	匠心手作节
2月25日~3月2日	开学季	5月3日~5月8日	天猫母亲节
2月26日~3月27日	家装节	5月9日~5月13日	家装行业大促
3月3日~3月8日	三八女王节	5月11日~5月17日	通信狂欢节
3月3日~3月18日	春季汽车节	5月13日~5月20日	520表白节
3月4日~3月18日	互联网家装节	5月16日~6月1日	大六一旅行季
3月15日~3月19日	吃货节	5月19日~5月25日	进口狂欢周
3月22日~3月28日	春夏新风尚	5月25日-6月30日	天猫父亲节

续表

时　　间	活动名称	时　　间	活动名称
5 月 4 日 ~ 6 月 9 日	天猫端午节	9 月 23 日 ~ 10 月 22 日	抢大牌活动
6 月 2 日 ~ 6 月 7 日	聚划算 66 大聚惠	9 月 23 日 ~ 10 月 22 日	今日必抢活动
7 月 6 日 ~ 7 月 8 日	天猫啤酒节	10 月 1 日 ~ 10 月 7 日	国庆大惠站
7 月 8 日 ~ 7 月 12 日	天猫游泳节	10 月 1 日 ~ 10 月 7 日	大家电国庆 7 天乐
7 月 22 日	722 洗护节	10 月 3 日 ~ 10 月 5 日	淘宝中秋节
8 月 8 日 ~ 8 月 10 日	88 会员节	10 月 5 日 ~ 10 月 7 日	国庆疯狂购
8 月 11 日 ~ 8 月 13 日	全球 3C 家电狂欢周	10 月 5 日 ~ 10 月 7 日	国庆珠宝节
8 月 12 日 ~ 8 月 17 日	七夕情人节	10 月 27 ~ 10 月 29 日	淘宝重阳节
8 月 18 日 ~ 8 月 20 日	秋冬新风尚	11 月 20 日 ~ 11 月 22 日	天猫亲子日
8 月 19 日 ~ 8 月 20 日	秋季新势力周	11 月 22 日 ~ 11 月 24 日	火锅节
8 月 28 日 ~ 8 月 29 日	天猫开学季	11 月 23 日 ~ 11 月 25 日	温暖过冬
9 月	9 月结婚季	12 月 15 日 ~ 12 月 25 日	天猫双旦礼遇季
9 月 5 日 ~ 9 月 10 日	99 大促 99 划算节	12 月 18 日 ~ 12 月 19 日	天猫暖冬滋补季

从上表可以看到，电商平台的活动多且丰富，平均每个月都会有 4 ~ 5 个活动，其中有综合性的大型促销活动，也有针对性较强的单一活动，例如母婴活动、美甲活动以及美妆活动等。因此，消费者购物时可以结合这些电商节日表，按照需要进行购买，这样比直接购买要划算许多。

No.022 了解各大店铺的优惠活动

除了电商平台的一些优惠活动之外，平台上的商家也会积极推出一系列优惠活动吸引买家，消费者抓住这些促销活动也能节省不少。店铺的优惠活动主要有以下一些：

◆ 0点（或早上 10 点）限时抢

0点（或早点 10 点）限时抢是指商家在限定时间内打折，消费者在该时间段内可以享受优惠价格。时间一过，商品就恢复原价。

◆ 0点（或早上 10 点）前 ×× 名优惠

0点（或早上 10 点）前 ×× 名优惠是指消费者在 0 点（或早上 10 点）下单，前 ×× 名顾客可以享受优惠价格，或是赠品。

◆ 分享优惠券

分享优惠券是指消费者关注店铺并分享店铺信息给好友，就有可能获得优惠券。

◆ 满减优惠

满减优惠是指消费者在店内消费金额达到一定数额时就能享受减价优惠。

总的来说，消费者购物时想要享受到真正的实惠就要多看看、多对比，积极参与各类促销活动。

第 3 章

住

既要住得舒服，还要便宜

　　房子能够给人带来安全感和归属感，一直以来就是人们提升生活幸福感的重要一环。但是，购买房子不仅要讲究居住的舒适感，还要从经济上节省，节省不必要的开销，才算真正意义上的住得舒服。

3.1 买房置业花费大，省一点是一点

买房置业几乎对所有家庭来说都是一件大事，因为花费较大，少则几十万元，多则上百万元，更有甚者达上千万元。对此，如果能够以更优惠的价格买到，就能为家庭节省不少资金。

No. 023 团购买房价格更漂亮

通过上一章的介绍，我们知道购物可以团购，享受团购价更便宜，同样地，房子也能团购，但很多人却不知道。

团购房与普通团购的模式一样，都是聚集互不认识的消费者，加大与商家的谈判能力，以便以更低廉的价格买到房子。

团购买房主要具有下列两项优势：

①团购可以聚集更多的消费者，以便为自己争取更多的合法权益。

②单一消费者在开发商面前力量较弱，话语权小，而团购大幅增加了消费者的力量，加大了与开发商的谈判筹码，也能争取到更多的议价空间。

团购买房主要有以下几种比较常见的方式。

◆ 自行组团购房

现在许多家庭购买房子都希望能够和亲人、朋友住在同一个小区，彼此之间能够相互照应，所以在新楼盘开盘时可以和亲戚朋友自行组团一起

购房，以便享受更优惠的价格。需要注意的是，这类自行组建的购房团对团长的个人能力要求较高，要求团长具备谈判能力、议价能力和专业能力。另外，因为可能涉及大额资金交易，所以对团长的个人品德也有一定的要求。

◆ 购房团购网

市面上也有一些专门的购房团购网站，针对某些楼盘举行团购活动。这类团购网更专业，流程也更简单，能够为购房者节省不少的精力。需要注意的是，市面上的团购网质量参差不齐，购房者需要谨慎，仔细辨别。

◆ 单位团购

单位团购买房是比较常见的一种团购买房方式，主要针对跟开发商有合作关系的企业、开发商内部员工等，进行定向售房。通常情况下，这一类单位购房都能够享受到最低优惠价。

团购买房是一种新兴的买房方式，如果购房者有合适的机会能够参与，可以积极选择这类方式。

No. 024　二手房也是一个不错的选择

很多人在买房时都想要购买新房，但是过高的房价却让人望而却步。其实，买房不一定要买新房，二手房也是一个不错的选择。

二手房相较于新房来说具有以下四个比较突出的优点：

◆ 现房可见

购房者在购买新房时为了便宜，可能会买一些期房。所谓期房是指尚未完工，不能交付使用，但购房者须全额交付的房屋。也就是说，开发商从获得商品房预售许可证开始，直到购房者获得不动产权证，此时间段购买的房子都属于期房。

虽然期房更便宜，但是因为看不到现房，所以房屋的质量、小区环境、周边配套设施都以开发商的介绍为准。但一些不良商家为了尽快卖出房子，出现"画大饼"的现象，给购房者乱承诺，实际购房者收回房屋时却变了样。还有一些期房甚至出现开发商跑路、烂尾的情况，让购房者承受巨大损失。

但二手房可以规避这一类情况。二手房基本上为现房销售，购房者不仅可以到屋内实地考察房屋的户型、质量、采光情况，还可以查看房子所在小区的环境、设备设施、物业以及小区附近的配套设施。

◆ 拿证时间早

二手房还有一个优势在于交房时间早，对应的领取不动产证的时间就早，只要买卖双方尽快完成交易，就能够尽快拿到产权证书。但新房则不是，新房期房一般在交付后 90 个工作日内拿到证书。

◆ 价格便宜

价格便宜可以说是二手房最为突出的一个优势了，非常适合那些想要买房但却资金不足的购房者。一般情况下，同样的地段，旧房价格本就低于新房，如果购房者运气好遇到一些急于出手的屋主，可能还会得到更低廉的价格。

◆ 周边配套设施成熟

二手房通常位于区域的核心位置，周遭的配套设施都是十分齐全的，医院、学校、菜市场、商圈等应有尽有，比较适合工作或生活。但新房的周边一般还处于开发过程中，周边的配套设施尚不齐全，生活出行比较不便。

虽然二手房有这么多的优势，但也不是任何二手房都适合买进的。我们在选择二手房时应该从以下三个方向进行筛选：

①尽量选择车位、绿化、户型、配套设施都尚可的小区，如果房子的年份也比较新就更好了，因为这样的房屋与新房无异，还多处于市区。

②选择房子的地段。很多房产专业人士曾说过，其实房子本身并不值钱，真正值钱的是地段，地段是影响房屋价值的重要因素。如果房子位于好的地段，则该房子将会在很长时间内保值，甚至是增值，所以值得购买。因此，我们在买房时应该从地段上来进行选择，可以选择离车站、地铁较近，且远离化工厂、高架桥、变电站的地方。

③二手房交易一般需要经过中介，购房者需要尽量选择大型的、正规的中介公司。这类公司的房源信息更多、选择更广，流程更规范，服务也更专业，不容易上当。

No. 025　贷款买房首选公积金

买房子对一个家庭来说是一笔重大支出，很多家庭在买房时都需要按揭贷款，此时可以优选公积金贷款买房。公积金贷款相比商业贷款利率更低，年限更长，还款方式也更灵活。因此，只要购房者正常缴存住房公积金，符合贷款条件，即可申请公积金贷款买房，能够享受更高的优惠。

很多人对住房公积金存在误解，认为只要缴存了公积金就能够申请公积金贷款买房。实际不是，公积金贷款需要满足一定的政策规范，购房者在申请之前需要自审是否满足条件，具体内容如下：

◆ 申请人有个人住房公积金账户，申请前连续缴存住房公积金半年以上，累计缴存公积金的时间不少于 2 年。不同城市对公积金缴存时间要求不同，具体以当地政策为准。

◆ 申请住房公积金时需要已签订购房合同或协议，并且所购房屋可以办理抵押或担保手续。

◆ 自筹资金达到所购住房总价的 30% 以上（含 30%）。

◆ 具有稳定的职业和稳定的收入来源，有偿还贷款本息的能力。

◆ 申请人个人信用状况良好，征信没有不良记录。

◆ 满足当地公积金管理中心规定的其他条件。

除了一些不满足公积金贷款条件的人之外，还有一些人不愿意申请住房公积金贷款是因为觉得申请流程麻烦、复杂，而商业贷款则操作简单、流程较少。其实不然，公积金贷款只要提前做好相应的了解工作，一样非常简单。

公积金贷款流程如图 3-1 所示。

第一步：提交申请

贷款人到公积金管理中心提交贷款申请，填写公积金贷款申请表，并提交需要的相关文件资料。

第二步：资料审核

公积金管理中心收到贷款申请后，会对贷款人提交的资料进行审核，审核通过后开具《担保申请审核通知单》，并打印借款合同等文件，然后将所有的文件资料交由担保中心。

第三步：材料转送

担保审核后的个人贷款申请资料会由担保中心递交给住房公积金管理中心。

第四步：放款

完成上述步骤后，住房公积金管理中心会与借款人签署相关合同，当合同签订完成后，公积金管理中心就会进行放款。

图 3-1 公积金贷款流程

总而言之，住房公积金是一项惠民政策，有条件的购房者在购房时都应该首选公积金贷款，享受切切实实的贷款福利。

No. 026 看准时机新房也能享优惠

为了能够让一个楼盘顺利完成销售，通常会经过三个必要的过程，即首次开盘、热销推进以及尾盘销售。在这三个阶段中潜藏着一些买房机会，能够以更便宜的价格买到相同房产。

◆ 开盘阶段

开发商为了能够吸引购房者的眼球，短时间内促成交易，引发羊群效应，需要造势来实现。为此，新楼盘第一期的第一次开盘价格一定会是最低的，也是优惠力度最大的。随着销售的次第展开，资金陆续回流，房价就会一期比一期贵。因此，新房第一次开盘是一个非常好的买房时机。

◆ 尾盘买房

在楼盘的售卖临近开发商整个销售工作的收尾阶段，这个时候，开发商对于楼盘的推广和营销费用已经大幅削减，因此，尾盘的销售成本比起先前也有大幅度降低，这也为尾盘的降价创造了空间。同时，为了能够尽快结束销售工作，开发商常常会在尾盘时推出一系列的优惠活动，刺激购房者买房。

但需要注意的是，尾盘期的楼盘通常房源不多，且主要有两种类型的房屋：一类是具有增值能力的户型，为了能够最大程度地获得利润，在销售时抬价而导致未销售出去；另一类是户型设计、朝向、位置等相对较差的房屋，这些房屋因为存在各种各样的缺陷而一直不被客户接受。在尾盘时，销售这部分房屋会在价格上做出优惠，以便吸引客户促成交易。

最后，买房是一件大事，当然房价是我们首要关心的因素，但是房子最终还是要以住着舒服为主，所以切不可仅因为价格便宜而买一些不喜欢的，或不适合的房子。

3.2 房屋装修套路多，小心别花冤枉钱

买房之后距离正式居住还差一步——装修。装修也是一门学问，其中潜藏的门道较多，稍有不慎就会掉进装修套路中，不仅花费冤枉钱，还使装修效果不理想。

No.027 装修公司省事，却不一定省心

提及装修，很多人的第一反应就是装修公司。确实，装修公司有一定的优势，能够让不少业主节省不少精力。但是选择装修公司也存在一定的问题，这些问题也不容忽视，表3-1所示为选择装修公司的优劣势对比。

表3-1 选择装修公司的优劣势对比

序 号	优 点	缺 点
1	专业的设计。如今的装修公司通常都具备专业的设计师，能够根据户型结构和业主的想法设计各种风格。许多装修公司为了提高竞争力，还会免设计费	有的设计师故意大拆、大建，增加项目费用，而不是站在业主的角度，仅仅为自己的业务而进行设计
2	提供专业的施工团队，工人由公司直接管理，省去工地工人管理难的问题	捆绑式销售严重，有的装修公司以套餐的方式销售，引导业主多消费，或到指定地点消费
3	分阶段付款，每一环节都有业务验收把关，确认后再收费	业主大多是外行，而装修公司报价时容易出现添加项目，改动项目的情况
4	公司提供售后服务。装修结束并不意味服务结束，大部分的装修公司都会提供一系列完整的售后服务	公司监管不到位，一旦施工质量出现问题，公司把责任推诿到工人身上，业主联系不到工人

续表

序　号	优　　点	缺　　点
5	—	低价广告吸引顾客，费用不保全。等装修开始之后，再逐项添加，装修一半业主也不能中途喊停

通过表格内容可以看到，业主选择装修公司的目的是省心，但结果却不一定省心。那么，装修应该怎么做呢？

实际上装修除了选择装修公司之外，我们还可以选择清包、半包两种装修方式。

清包指业主自己购买装修材料，只请装修工人干活，支付人工费用。清包确实能为业主省下许多不必要的开支，但是清包更适合工作时间比较自由，且清闲的业主。因为清包需要业主花费大量的精力去购买装修材料，此外还要求业主对装修有至少 1～2 年的了解，才能清楚装修的环节和一些材料的差异。

半包指业主负责购买主要材料，找装修团队施工，团队购买他们需要的辅助材料。半包是目前市面上 60% 以上业主会选择的一种装修方式，这种方式一方面可以便于自己控制预算，另一方面也不必像全包那么费心。实际上，只要时间上相对来说不忙的人都可以选择半包的装修方式，性价比更高。

No. 028　电视墙避免过于花哨

客厅是我们日常家居生活中待客、活动最多的一个地方，而电视墙是客厅内的一个视觉集中点，所以许多家庭装修时都会将电视墙作为一个重点来进行装修。但很多人在装修时装修得过于浮夸、花哨、复杂，既不美观大方，花费也不便宜，图 3-2 所示为花哨的电视墙效果。

图 3-2　花哨的电视墙

确实，电视墙在背景墙设计中占据重要位置，一方面可以使电视背景更丰富，不至于空旷单调，同时也能够起到修饰的作用。但是装修时，在造型上应尽量简单，颜色上与房屋整体搭配，这样花费也更少，图 3-3 所示为简单的电视墙效果。

图 3-3　简单的电视墙

实际上，电视墙的重要程度在装修中逐渐减弱，越来越多的人追求简洁的风格，甚至不要电视墙，既美观也更实惠，如图 3-4 所示。

图 3-4　无电视墙效果

总而言之，电视墙非必需项目，没有电视墙也可以很漂亮，如果确实喜欢电视墙可以简单设计，不一定要花重金打造。

No. 029 灯具重质不重量，节能才是王道

装修中的灯具是重中之重，灯光不仅可以带来光源，让屋内的视野更清楚，还能体现装修风格，起到画龙点睛的作用。

但很多家庭在装修时为了追求美感而大量买进一些华而不实的灯具，既浪费大量的金钱，在生活中也不常使用，打扫起来也麻烦。尤其是客厅灯，往往是安装六七组甚至以上。

实际上，灯具的选择应该重视质量，而非数量，只要在整体搭配上适合，数量刚好合适即可，不必过多添加。如下所示为一些不需要安装的客厅灯具：

◆ 水晶吊灯

很多人在选择灯具时都会被水晶吊灯吸引，因为水晶灯看起来漂亮。但是，水晶灯实际上并不适合普通家装，它更适合酒店或饭店的大堂，看起来更大气，也更明亮。普通家庭的客厅面积较小，使用水晶灯，尤其是吊坠过长的水晶灯，会过于压抑，影响美感。

另外，水晶灯价格昂贵，花费较大，且落灰严重，如果不打扫就会失去光泽，降低美感，但清扫起来又很麻烦。

◆ 筒灯

有的家庭会在客厅的角落安装筒灯，添加光源。但实际上，筒灯的明亮度较低，想照亮整个客厅的边角，则需要安装许多个筒灯，这样成本就比较高了。另外，在生活中应用的时候较少，一般情况下开客厅的主灯即可。此时，筒灯就成了浪费。

◆ 灯带

灯带几乎是为装饰而存在，有的甚至为了追求效果安装变色灯带，但是家庭生活用灯带的时候屈指可数。在装修预算并不宽裕的情况下，完全没有必要安装。

不过，以下两种灯具可以考虑安装在客厅内，具体介绍如下：

◆ 吸顶灯

吸顶灯可以说是所有客厅主灯中性价比最高，最划算的一种。选择吸顶灯时可以根据客厅面积进行选择，当光源不足时可以在周围添加辅助性光源。此外，吸顶灯更方便清扫，也不容易坏，使用时间长。

◆ 吊灯

如果预算比较充足，可以考虑吊灯。吊灯的种类较多，除了前面介绍的水晶吊灯之外，还有全铜吊灯、铁艺吊灯、木艺吊灯等。全铜吊灯效果更好，也不容易生锈变色，但价格较高；铁艺吊灯比较便宜，资金不足的可以考虑这类；木艺吊灯多以实木为主，搭配云石、玻璃、布艺等材质的灯罩，比较适合中式风格。

最后，客厅在选择安装灯具时，确实需要注重装饰性，以使整体装修风格更协调。但是也不能过度强调装饰性而忽略了实用性，豪华的灯具未必就更好，反而可能既增加经济负担，又影响效果。所以灯具选择还是要落到实处，以照明使用为主。

No.030 吊顶为非必需项目，应合理安排

吊顶是指房屋居住环境顶部装修的一种装饰，也就是房子天花板的装饰，它是室内装饰的重要部分。

市面上的吊顶主要有两种类型，具体如下：

◆ 集成吊顶

集成吊顶是 HUV 金属方板与电器的组合。分为扣板模块、取暖模块、照明模块和换气模块。集成吊顶安装简单，布置灵活，维修方便，主要应用在厨房或卫生间。通常价格在 200 ~ 300 元 / 米²。

◆ 石膏板吊顶

石膏板是一种常见的客厅吊顶材料，通常石膏板吊顶又分为轻钢龙骨石膏板吊顶和木龙骨石膏板吊顶。轻钢龙骨石膏板吊顶根据材料和制作造成的难易程度的不一样，价格一般在 120 ~ 150 元 / 米² 不等；而普通材料

的木龙骨石膏板其价格一般在 100 元／米² 左右。

通过上述内容，我们可以发现吊顶并不便宜，但吊顶是不是必需项目呢？首先我们需要了解吊顶的目的是什么。吊顶主要有以下两个目的：

①遮挡天花板设备、管道，便于安装灯具、中央空调等。

②增添结构层次感，协调空间，使整体风格明朗。

因此，如果是厨卫吊顶一般为必须吊顶项目，其中涉及的管道众多，暴露在外既不安全，也不美观，吊顶可以防潮防油。但客厅、卧室吊顶则为非必需项目，可以根据实际需要来进行选择。

◆ 考虑层高。层高过低的房子不适合做吊顶，吊顶之后层高更低，会给人以压抑、狭小的感觉，所以一般层高在 2.8 米以上才考虑吊顶。

◆ 考虑房屋整体平整度。如果需要将有管道、不规则的梁等隐藏起来，则可以考虑做吊顶，如果房屋平整度较好，则可以考虑不做吊顶。

◆ 如果房屋需要安装中央空调或者新风系统等设备则需要吊顶，如果不是可以考虑不做吊顶。

不做吊顶的装修一样可以美观大方，如图 3-5 所示。

图 3-5　无吊顶效果

另外，即便是有管道之类需要隐藏的房子，也可以不做吊顶，选择工业风装修也可以很美观，如图 3-6 所示。

图 3-6　工业风装修

所以，吊顶并非是必需项目，即便是不做吊顶也同样可以装修出漂亮的效果，所以业主在装修的时候不要跟风吊顶，而应该考虑实际情况做出合适的决定。

No.031　装修材料多，采买有门道

通过前面的介绍，我们了解到许多选择半包的业主在装修时都需要自己去采买装修材料。同时装修中需要采买的材料种类众多，数量也较多，是一笔大额开销。然而，采买装修材料有许多的门道，需要提前引起注意，识别其中的套路，否则可能会多花许多冤枉钱。

装修材料购买中的一些常见套路如下：

（1）装修师傅定点介绍

很多业主在装修过程中与装修师傅逐渐熟悉，并建立起信任，后期购买材料也会询问装修师傅，觉得装修师傅必然专业，有的还会直接让装修师傅代买，或是让装修师傅介绍购买。

但是有的装修师傅与商家有联系，商家承诺装修师傅只要带人过来采买材料便给予回扣，所以有时候你会发现装修师傅带去的店铺一般价格较高，且不好还价。

因此，即便是已经熟悉的装修师傅也要多注意，避免因为装修师傅吃回扣，而多花冤枉钱。

（2）缺斤少两

缺斤少两在装修材料采买中比较常见，因为材料种类较多，且不同的材料计量单位不同，例如斤、升、平方米、捆等。如果只看数字，则可能难以具体衡量有多少，所以在购买时要注意计量单位，做好换算。

另外，有的装修师傅会自带材料进行施工，完成之后再统一核算人工费用和使用的材料费用，其中就涉及材料的使用数量。以水电工人为例，有的工人会自带电线和水管进行安装，然后计算电线和水管材料的数量核算价格。但安装过程中有损耗，具体的数量只有装修师傅本人才最清楚，业主通常并不清楚，所以容易出现多报的情况。对此，业主要提前做好监督工作，防止这类情况的发生。

（3）以次充好

以次充好也是比较常见的一种材料采买陷阱，装修材料品种多，单一的材料下又有众多不同的品种。以瓷砖为例，分为马赛克砖、玻化砖、抛光砖、通体砖及釉面砖，不同类型的瓷砖质量不同，价格也不同。

但很多业主并非专业人士，因此无法区分其中的差异，这就很容易出现以次充好的情况。为防止这类现象，最好的做法就是货比三家，多看看、多了解、多对比，切忌在一家店内漫天砍价，砍价后看起来似乎占了便宜，但可能商家在材料上做了假，反而得不偿失。

（4）假冒伪劣

假冒伪劣是业主最担心的事情，花了钱，效果不理想，还带来了严重的隐患。装修材料种类多，门道多，即便是混迹装修材料市场多年的老师傅也有可能看走眼，何况是初入装修材料市场的业主呢。

防止假冒伪劣最好的办法就是到正规的品牌专卖店，或者是商场购买，即便价格可能更高，但基本上不会出现假冒伪劣的情况。

最后，采买装修材料时一定要多途径了解相关的信息，货比三家，才能够识破商家的销售套路。

3.3 水电费精细管理，节能又环保

居家生活水电是一项较大的开支项目，如果能够在保证正常健康生活的条件下，还能适当减少水电费用，不仅可以节省开支，也更环保。

No.032 冰箱这样使用更省电

冰箱基本上是每个家庭的必需品，无论是夏季还是冬季，都能帮我们保存食物。但是，每天运行冰箱，冰箱的耗电量也非常大，如果能够保证冰箱正常运行的情况下，减少用电量，长此以往就能节省一大笔电费。

冰箱其实也有一些省电的小方法，具体如下：

（1）食物摆放留空隙

许多人在冰箱内摆放食物时会习惯将其满满当当地摆放，但是这样会使得冰箱内的空气不流通，使得冰箱运行功率加大，从而用电量上升。所以我们在摆放食物时要注意食物与食物之间适当留出一定的空隙。当然这里我们指的是食物保鲜区，不是冷冻区。

（2）根据季节调整温度

很多人没有习惯调整冰箱温度，通常以最低温度直接运行。其实，冰箱内的温度是耗电的最大原因之一，冰箱内长期保持的温度越低，那么冰箱消耗的电量也就越大。因此，我们在使用冰箱时应该根据季节来调节温度。

冰箱的温控旋钮一般有0、1、2、3、4、5、6挡，数字越大，冷冻室里的温度越低。通常在春秋季节可以调整到3挡，为了达到食品保鲜和省电的目的，夏季可以调到1挡或2挡，冬季则可以调整到4挡或5挡。

（3）减少开门次数

冰箱每次开门都会加大冰箱的耗电量，所以我们在使用时应减少冰箱的开门次数，一次性将需要的东西全部拿出。此外，在开门时要缩短开门的时间，开门时间的长短直接影响冰箱的耗电量，一次打开冷藏门的时间为1分钟，则冷藏室内温度将上升很多；关上冷藏室门再使温度降至原温度，则压缩机需连续工作一段时间。

（4）热的食物放凉

热的食物直接放进冰箱，会加大冰箱的运行功率，还会大幅增加冰箱的耗电量，且时间一长还可能引起冰箱故障。所以，我们在日常的食物保存过程中，应该有意识地将一些热的食物放凉至常温后再放进冰箱内存放。

看起来，这些冰箱省钱技巧都很简单，只需要在日常生活中多加注意即可，但是带来的效果却是明显的，通常一个月左右我们就能够从电表上直接感受到变化了。

No.033 你的空调电费还在高居不下吗

天气炎热时我们需要空调降温，天气寒冷时也需要空调升温，可以说，空调给我们的生活带来了极大的便捷。但是长期使用空调也使得空调电费长期居高不下，其实只要掌握了正确使用空调的技巧，要想节省电费就是非常简单的一件事情。

空调的省电技巧主要是在日常的使用细节中，具体如下：

①空调使用的时间一长，过滤网就会积累一些灰尘杂质，既不卫生也直接影响空调的使用效果。定期清洗过滤网，空调的制冷制热效果可以提高，这样不会增加空调的负荷，也能更省电。

②有的人使用空调的过程中，想着更省电，当室内的温度一旦降下来（或升起来）就马上把空调关了。但关完之后，冷气（或暖气）很快就没有了，又把空调打开。这样的做法是错误的，实际上反复的开关空调，不仅不会省电还会增加电量，因为空调开机的时候耗电是最大的，所以不要反复地开关空调。

③将室内的温度调整到26℃~27℃即可，不要将温度调整的过高或过低。以夏天为例，有的人为了贪图凉快而将温度降至20℃，实际上人长期处于这样的温度中会感到不舒服，家庭用电量也增大了。

④如今市面上的空调越来越智能了，很多空调都具有睡眠功能，它能在人们晚上睡觉的时候自动调整室内的温度，而不用整夜固定同一温度。因为人在入睡后温度会降低，此时若还用入睡前设定的温度可能就太低，而且使用睡眠功能还能节约20%左右的电量。

⑤如果需要外出较长时间，可以提前10～20分钟关闭空调，因为空调关闭之后冷（热）空气还会在室内停留一段时间。如果离开时再关闭，就会出现浪费。

No.034 洗衣机的使用也有大学问

洗衣机也是家庭生活中不可缺少的一项常用家电，它的出现大大降低了洗衣服的难度。但是，洗衣机不仅用水量大，用电量也不容忽视，如果使用不当就会造成大量的浪费。接下来就来看一下洗衣机的省电妙招。

（1）根据衣服的种类划分

现在的洗衣机功能划分比较细致，想要洗衣机省电就不能图省事，所有类型的衣服全部按照标准程序进行清洗，因为厚衣服与轻薄的衣服清洗时间不同，如果轻薄、易洗的衣服也按照厚衣服的程序进行，必然要花费大量的时间，也不省电。

（2）先浸泡后洗涤

洗涤衣服之前可以提前把衣服浸泡在洗衣粉溶液中10～15分钟，这样一来，洗衣粉可以更好地浸透到顽固污渍内。然后用洗衣机洗涤不仅能够让衣服洗得更干净，也能节省洗衣机运转的时间，既可以达到省水、省电的效果，也可以节约等待的时间。

（3）用适合的水量

很多人对洗衣机的用水量有一个错误的认识，总认为水量越多，衣服就能洗得越干净。实际上，并不是这样，洗衣机洗衣服的用水量应该要适中，既不能过多，也不能过少。水量过多，就会增加洗衣机波盘的水压，并加重电机的负担，从而增加耗电量；水量过少，又会影响洗涤时衣物的正常翻动，既影响洗涤效果，也增加洗涤时间，增加耗电量。

（4）泡沫多并不会更干净

有的人为了能够洗干净衣服，在倒入洗衣粉或洗衣液时会加大用量，使得洗衣机工作时产生大量的泡沫。此时，他们会认为大量的泡沫自然可以使衣服洗得更干净。实际上，现在大部分的洗衣机都属于节能型，不必大量倒入洗衣粉一样可以清洗干净。其次，大量的泡沫会增加漂洗的次数，增大用水量和用电量，造成大量的浪费。

（5）额定容量的衣服

洗衣服时如果衣服数量过少，可以存够足量的待洗脏衣服之后再使用洗衣机一起洗。因为衣服数量过少，容易造成电能白白消耗。但是也不能一次过量洗涤，一次性洗涤过多，不仅会增加洗涤时间，而且还会造成电机超负荷运转，从而增加耗电量。因此，最好在洗衣机额定容量范围内清洗衣服。

No. 035　水资源重复利用不浪费

水是我们日常生活的重要资源，也是最离不开的资源之一，但是仔细观察还是会发现一些浪费水的现象出现，不仅造成资源浪费，还会加大日常生活开销。因此，家庭用水也应该掌握一些节约的方法，懂得重复利用，减少浪费。家庭用水只要改掉一些不良的用水习惯，就能节省大量的水资源。

（1）一水多用

很多时候水除了当下的作用之外，还可以在其他地方使用，无须直接倒掉。具体如下：

◆ 洗脸水洗完脸之后，可以用来洗脚，洗完脚还可以冲厕所。

◆ 家庭用完的废水可以集中起来冲厕所。

◆ 洗过菜的水可以用来浇花。

◆ 养鱼的水浇花，能促进花木生长。

◆ 洗衣服的水，可以拖地、冲厕所。

（2）厨房节约用水

厨房是做每日三餐的地方，也是用水量较大的一个地方，其中也隐藏着许许多多的省水小妙招。

◆ 清洗餐饮炊具时，如果油污过重，可以先使用厨房餐巾纸擦去油污，然后用水冲洗，可以节省不少的水。

◆ 清洗蔬菜时不要直接在水龙头下冲洗，可以用一个容器盛水，然后统一清洗。

◆ 从冰箱中拿出来的冻品，可以提前进行解冻，而不用水来解冻食品。

（3）卫生间用水

卫生间用水是家庭用水消耗非常大的一部分，也是最容易浪费水的地方，需要做出改善。

◆ 洗漱时应缩短用水时间，用完后立即关闭用水器具。

◆ 洗澡放水时，尽量迅速将水温调至需要的温度，而不是不停用凉水去中和热水。

◆ 有不少的家庭都安装了浴缸，如果洗澡时选择盆浴，那么盆浴后的水还可用于洗衣服、洗车、冲刷厕所及拖地等。

◆ 如果厕所的水箱过大，可以适当将里面的浮球向下调整2厘米，或在水箱里竖放一块砖头，或放一个装满水的大可乐瓶，以减少每一次的冲水量，每次冲刷可节水近3~5升。

No. 036 正确使用电视机，电费更低

看电视是家庭生活中重要的娱乐项目，无论是大人还是小孩都喜欢看电视，有的家庭电视机更是从早放到晚。作为每个家庭必备的生活家电，如何能够在一边享受娱乐节目的同时，更省电呢？

其实，电视机省电也很简单，只要掌握一些正确使用的操作技巧即可大幅降低电费，具体如下：

选择适合的电视机尺寸。 很多人买电视机时盲目追求大尺寸，觉得看电视尺寸越大，看得越过瘾。实际上，电视机的尺寸应该根据房间的大小，和家人数量来选择。一味追求大尺寸的电视机不仅耗电量较大，如果房间较小，距离较近，还容易让眼睛产生不适感，小孩子也容易近视。

调整电视机亮度。 使用电视机时要注意调整控制电视机屏幕的亮度，在适合的范围内将亮度尽量调低。亮度过大，更耗电，也容易降低电视机的使用寿命，还容易增加人用眼的疲劳感。

调整电视机的音量。 很多人使用电视机时喜欢尽量调大音量，让播放效果更佳，但是电视机音量越大越容易对耳朵造成负担，电视机的功耗也越高，耗电量也越大。

关掉电视机上的电源。 电视看完之后，不要用遥控板关机，要关掉电视机上的电源，因为遥控板关机后，电视仍然处于整机待用的状态，还在耗电。如果待机 10 小时，会消耗半度电。

给电视机加防尘罩。 可以给电视机添加防尘罩，防止电视机吸进灰尘，灰尘过多会增大耗电量，造成浪费。

  定期清理缓存。现在家庭普遍使用智能电视较多，而智能电视在长期使用后，会产生大量的缓存垃圾，降低机器的运行速度，从而增加耗电量。因此，需要定期清理缓存，这样不但能减少电视机运行的负担，增快电视机运行的速度，使其更加流畅，还能够更省电。

第 4 章

行

出门在外能省则省

不管是工作需要，还是家庭旅游，都可能需要短期或长期出门。但是出门在外不比在家，什么都需要花钱，如果不加以控制管理，就会产生大量的额外开销。因此，出门在外要尽量做到能省则省。

4.1 有车一族看过来

为了能够方便出行，如今大部分的家庭都买了爱车。但是爱车在给予家庭成员便捷出行的同时，也大幅增加了家庭的经济负担，燃油费、保险费、保养费等，都是一笔笔不可细算的开销。虽然不能避免，但是可以利用一些小方法来降低开销。

No.037 更省油的开车妙招

柴油、汽油是汽车不可缺少的动力，柴油、汽油的价格变化将直接影响汽车出行的成本。虽然我们不能控制柴油汽油的价格变化，但是我们可以通过一些省油的开车办法，节省油量，从而减少开支。

省油的开车技巧有很多，下面介绍一些实用性强的省油妙招：

◆ 匀速行驶

很多司机在开车时习惯加速，尤其是在一些路况较好的环境下，但是通常对车子而言，60 ~ 80 公里 / 小时的时速是最省油的速率，每增长 1 公里的时速，就会增加 0.5% 的耗油量。另外，速度过慢也会增加耗油量。

◆ 负载过重

很多司机习惯在车子的后备箱中放置大量的闲置品，但是汽车如果负载过重除了会增加车身的重量之外，还会增加汽车的油耗，尤其是在一些上坡路段会更明显。根据有关部门的统计，每增加 45 公斤的重量将使汽车的燃油消耗增加 2%。所以，不能将后备厢当成储藏室，大量放置一些无用的重物。

◆ 保证车况良好

开车首先要保证车况良好，这既是对安全负责，也是更省油的开车方法。要知道，车况好的车子不一定会省油，但是车况不好的车子却一定更费油。所以，在开车之前要做好基础检查，确认车况良好。

◆ 轮胎的胎压

注意轮胎的胎压，尽量让胎压保持在适当的水平。虽然理论上来看，轮胎的胎压越高，轮胎和地面的接触面积就越小，胎面也越硬，自然油耗也就越低。但是，实际上过高的胎压也会影响汽车的抓地力，严重时还可能出现爆胎的情况。因此，轮胎的胎压应该处于规定的要求范围内，符合规定的胎压可以降低 3% 的油耗。

◆ 尽量挂高挡

当汽车启动，车速稳定下来后应及时换成高挡，低挡位行驶会消耗更多的能量，造成更多的浪费。这一点主要是针对手动挡的汽车。

No. 038 加油不可免，但可省

每一位想要开爱车的司机都不可避免地要为汽车加油，根据使用的频率和距离的不同，加油的次数也不同。虽然汽车加油不可以避免，但是可以通过一些方法技巧，降低油费。

（1）办理加油卡

加油卡是指用来为汽车加油的储值卡，为广大司机加油提供了便捷，并且不同品牌的加油卡有不一样的优惠措施，司机通过加油卡加油可以节

省更多的费用。办理加油卡也非常简单，在对应的官网上就能直接办理。

以中石化加油卡为例，每月的 5 号、15 号、25 号都是中石化的会员优惠日，每升汽油便宜 5 毛钱。另外，有时候还会推出一些充值活动，例如充值 1000 元送 100 元。每次加油还会积分，1 升油积 1 分，积分能在中石化官网上兑换小商品。

（2）加油 App

市面上有很多加油 App，它是专门为车主设计的手机加油移动客户端应用，车主利用加油 App 可以查询加油站位置、加油站油价以及加油优惠套餐等，表 4-1 所示为一些常见的加油 App。

表 4-1　常见加油 App

名　称	特　点
光汇云油	光汇云油为用户提供全国各地加油站的油价最新信息，支持线上低价囤油，并且在全国支持银联和微信扫码的站点都可以用，新开通的用户首次能享受打折优惠且送 2 升油
加油宝	加油宝加油可以享受优惠，还可以代办违章、预约洗车等
我家加油	我家加油是一款可以提供加油站油价变化的 App，加油后还可以获得平台的积分
车到加油	车到加油支持附近加油站查询，一键就可以生成服务订单，不需要排长队等待。并且车主成为会员后还可以不定期领取各种优惠券

（3）车主信用卡

很多银行在推信用卡时针对车主用户推出了车主信用卡，借助这些车主信用卡可以享受到更多的加油优惠，以及相关的汽车服务，例如洗车服务、免费道路救援等。

不同的银行车主信用卡优惠内容不同，优惠的力度也不同。如下所示为中国工商银行的车主信用卡。

中国工商银行的爱车 Plus 卡分为白金卡、金卡和普卡 3 个等级，享受的优惠如下。

- ◆ 6%+2% 加油返现限时加磅。
- ◆ 工银 e 生活爱购新客礼（新客专享）。
- ◆ 融 e 行智行天下平台提供的包括买保险、查保单、办理赔、洗车保养、用车出行、在线缴罚等权益服务。
- ◆ 容时、容差；银联多币，0 外汇兑换手续费。
- ◆ 免费账户安全险 + 账户安全锁。
- ◆ 本人无限次全球贵宾厅 +10 爱享值（白金卡专享）。
- ◆ 机场 1 元停车（白金卡专享）。
- ◆ 400 万航空意外险、旅行不便险（白金卡专享）。

（4）保险赠油卡

每辆汽车都会购买保险，有的销售人员为了让车主购买保险，完成业绩，会给车主一些返点，而油卡是比较常见的一种返点形式。因此，车主在购买保险时可以主动询问销售人员，能不能赠送油卡。

No. 039　爱车上保险也能省钱

大家都知道车子必须上保险，但是很多车主一到买车险的时候就会产生疑惑，既担心自己买的车险不全，也担心买的不划算，毕竟车险也是一项重大开销。所以，经常会出现车主被销售人员忽悠，而买一些不需要的保险的情况。想要避免被忽悠，就要清楚购买车险的一系列问题，才能够买到更划算的保险。

购买保险之前，首先要清楚车险种类有哪些？总的来说，车险主要分为交强险和商业险两种。

交强险即机动车交通事故责任强制保险，是国家要求必须买的保险。如果不买交强险，既不能上牌验车，也不能开车上路。交强险是用来赔付交通事故中另一方的损失，而自己的损失由对方买的交强险赔付。

商业险不强制购买，通常作为交强险的补充而进行购买。商业险通常包括四项主险和主险下面的一系列附险，具体如表4-2所示。

表4-2　商业险

主　　险		附　　险	
机动车损失险	赔偿车辆的损失，如碰撞、爆炸、火灾等，玻璃单独损坏或轮胎被偷不赔偿	玻璃单独破损险	赔前后风挡和车窗，不赔天窗和后视镜
		自燃损失险	赔车辆自燃，电路烧坏不赔，外界引燃不赔
		新增设备损失险	赔车上新增加的设备损失
		车身划痕损失险	赔车身划痕
		发动机涉水损失险	赔发动机进水损失，被水浸后又发动不赔，进水熄火后又启动不赔
		修理期间费用补偿险	车子送去修理期间的交通费用等
		无法找到第三方特约险	车被人意外剐蹭后无法找到肇事者时，修车的损失
		指定修理厂险	运送到指定修理厂或者返回原厂的费用

续表

主　　险		附　　险	
车上人员责任险	车上乘坐人员出现意外受伤、死亡、残疾的赔偿	—	
机动车全车盗抢险	车辆被偷被盗，两个月找不到或者不见后又找到，不见期间车辆损坏修复的费用	—	
机动车第三者责任险	造成第三方人员伤亡和财务直接损失时需要赔付的情况	车上货物责任险	运送货物出现意外导致货物损坏产生的赔付
		精神损失抚慰金责任险	致人死亡、残疾或受伤需要赔偿的精神损失费，最多 5 万元
		节假日三者双倍赔付	法定节假日第三者责任险赔付额翻倍的保险
—		不计免赔付险	所有车险都有免赔额，附加了不计免赔后，则可以全部赔付

12 种附加险，只有在购买了主险的情况下才能附加，其中不计免赔险则需要随主险自行附加。意思是，四大主险保险公司都有免赔额，但车主自己需要缴纳部分，如果车主购买了不计免赔险，则全部由保险公司承担。

我们看到车险的种类较多，除去必须购买的交强险，商业险可以根据自己的实际情况来自行选择，一般来说，车辆损失险、第三者责任险、全车盗抢险和不计免赔险，这 4 种险可以购买，其他险种则根据实际用车需要来选择性购买即可。给爱车上保险要记住一个原则，即用适量的钱买到齐全的险种给予爱车最大的保障。这就要求我们在上保险时遵循以下两个要点：

◆　不要盲目追求全险

很多新手车主初次购买保险时总是想购买全险，实际上，全险并不是全能险，即便买了全险也不一定能获得全部赔偿。全险更多的是保险公司销售人员为了能与车主便捷沟通而用到的一个代称，其中包含了几种常用的主险和附加险。所以很有可能出现买了全险却没有买到自己实际需要的险种的情况。因此，车主不要盲目追求全险，而应该根据实际需要进行选择搭配。

　　◆ 小剐小蹭不走保险

车主在驾驶过程中可能会出现小剐小蹭的情况，一般这种情况不建议走保险，因为今年出险，必然会影响第二年的保险保额。

　　通常一次事故，整体算一次出险。但是交强险与商业险的出险次数对保费的影响是分开算的。如果今年只出了交强险，没动商业险，那么交强险的保费会受影响，商业险仍然享受相应折扣。如果今年只出了商业险，没动交强险，那么商业险的保费会受影响，交强险仍然享受相应折扣。

　　需要注意的是，商业险如果动用任意险种，商业险整体保费均会受到影响。

No.040 实惠的爱车保养法

爱车养护一直是每位车主的心头大事，如果爱车保养得当不仅能够延长汽车的使用寿命，开起来也更顺手。但是如果不注重保养，不仅会影响车子的正常使用，还可能增加一大笔汽车修理费用。

　　可是现在汽车保养越来越贵，上修理厂又担心出现假机油，到底应该怎么保养才能够既实惠又安心呢？

　　事实上，保养真正花钱的原因在于一些无用的项目，现在的汽车保养项目层出不穷，容易让人眼花缭乱，尤其是一些新手司机更是摸不着头脑，一些无用的项目做了就是浪费钱，具体如下：

（1）发动机清洗项目

发动机使用时间一长就会积累大量的灰尘，此时去保养就会听到 4S 店的店员介绍，应该做发动机清洗项目，否则灰尘越积越多会直接缩短发动机的使用寿命。其实，发动机没有必要做专门的清洗项目，自己用抹布擦一下就可以了。

（2）轮胎保养

轮胎保养也是汽车保养中的一个常见项目，许多人认为轮胎保养可以抗老化，延长轮胎的寿命。但是事实上，轮胎保养只是让轮胎表面看起来要好一些而已，每一个轮胎都有自己的生命周期，到期了自然需要更换，保养也无用，所以轮胎保养项目可以不用做。

（3）打蜡封釉项目

汽车的驾驶时间一长，车身难免会出现一些细微的划痕，使得车子看起来没那么美观，这属于正常现象。但很多车主觉得不好看，就会去做打蜡封釉项目。实际上，打蜡封釉只是填补了车身表面的划痕而已，并没有让车漆得到真正的保护，反而有可能因为质量较差，而对车漆造成伤害。因此，一些细小的剐蹭划痕不用去做打蜡封釉项目。

（4）燃油系统清洗项目

燃油系统清洗项目也是 4S 店经常向车主推荐的一个保养项目，实际上燃油系统清洗项目就是清理积碳，并没有什么切实的效果，更多的是心理作用。所以燃油系统清洗项目可以不用做。

总的来说，保养之前车主应该对汽车保养有一个基础了解，不要听工作人员的介绍就匆匆下单，一个比较好的保养流程应该是：选择机油→常规保养→全车检查→针对个别问题做深化保养。

其次，汽车保养不一定要在 4S 店，也可以在维修厂，但两者各有各的优点和缺点，具体如表 4-3 所示，车主可以根据实际情况做筛选。

表 4-3　4S 店保养与维修厂保养对比

地　点	优　点	缺　点
4S 店	①所用的配件和油液都是按照厂家的标准 ②车主更省心，也更便捷 ③有厂家技术支持	价格较高
维修厂	①所用的机油通常为通用型，不会针对某一车型而单独订购使用 ②配件质量参差不齐，看店家	质量没有保证

No. 041 汽车修理注意避坑更便宜

很多车主都会遇到这么一个现象：本来车子只是有点小故障，去维修厂处理后店家却开出了天价修理费。这是因为有一些不良商家，认为车主不懂车就故意夸大了故障，报出了一系列不需要维修的项目，趁机赚钱。所以，车主在汽车修理时要注意规避一些常见的坑，才能够使汽车维修更实惠便宜。

汽车维修常见的坑有以下三种：

（1）更换正常配件

更换正常配件指的是到维修厂做维修时，维修师傅除了将需要更换的坏配件更换之外，一些正常的配件也换掉了，并向车主说如果不这么做就不能完全解除故障，很多车主出于安全考虑就只能按着他们的操作来付款。

对于这类情况，车主要尽量选择一些正规经营的维修厂，不要贪图便宜而选择一些小店，可能会因此遭受更大的经济损失。

（2）事故车越修越坏

一些车主发现自己的车不幸出了小事故，于是将爱车送去维修，然而车子越修越有问题，越修越坏，而且还越修越频繁。这是因为一些不良商家修理时会在事故车定损之前将车上部分较新的部件拿走卖掉，然后以旧件甚至残次件代替。

对于这类情况，车主最好与维修厂一起将车辆的外观情况、备胎及工具等进行确认、记录。此外，还要监督相关工作人员第一时间进行定损，并拿到定损单之后再离开。

（3）维修清单和实际维修项目不符

维修清单和实际维修项目不符指的是维修厂给出了一长串的维修项目，但与实际实施的维修项目不符。该换的没换，该换的只修，维修方式不一致等。

因此，车主在做好汽车维修之后一定要认真检查核实一下实际的维修项目，不可敷衍了事。

4.2　旅游放松，钱包不能放松

随着生活水平的提高，很多家庭每年都有外出旅游的计划，一方面开阔自己的眼界，另一方面也可以放松自己。但是在放松之余钱包也不能放松，外出旅游吃、住、行都需要花钱，需要掌握一定的省钱技巧，让我们旅游得更开心，也更实惠。

No.042 景点门票提前网上订

外出旅游景点观光最好提前订购门票，除了能够避免现场买票的拥挤之外，还能享受更多的优惠。现在很多景点的门票提前在网上订购更划算，如果外出旅游时已经有了比较明确的观光景点，就可以提前在网上预订好门票。

网络订票 App 有很多，且不同 App 上，同一景点的票价也存在差异，所以订购前应对比多个 App，选择更实惠的订票方式，图 4-1 所示为美团和飞猪中同一景点的价格比较。

图 4-1　美团和飞猪

除了上述的出游 App 之外，实际上一些二手 App 也能订票，且价格更便宜，图 4-2 所示为咸鱼 App 中的景点门票。

图 4-2　咸鱼

No. 043　酒店优惠入住全攻略

外出旅游往往最担心的就是酒店，一是担心价格过高；二是担心酒店不安全；三是担心酒店不卫生。其中，酒店的安全性和卫生大部分可以通过酒店信誉、星级以及好评率来进行判断，但在价格方面，怎么预订才能获得更多优惠呢？

比较常规的做法就是和门票一样，在多个 App 上进行对比，选择价格更优惠的酒店，但如今去哪儿网、携程、艺龙网合并之后，彼此之间的价格差异并不大，通过对比难以真的比较出价格差异来。

鉴于此，我们可以通过比价网来进行筛选。比价网是指一些专门对比价格的网站，可将同一酒店在不同网站上的价格进行展示，帮助预订者快速选择最优惠的价格。例如比驿网（HotelsCombined）网址为 https://www.biyi.cn，它就是一家专门比较酒店价格的网站，如图 4-3 所示。

图 4-3　在比驿网对比酒店价格

从上图可以看到，比驿网中对三亚国光豪生度假酒店在 4 家网站中的价格进行了对比，最高差价达到 130 元一晚。因此，外出旅游在预订酒店之前应在价格对比类网站上多多比较。

此外，对于一些经常外出旅游的人来说，可以选择一家大型的连锁酒店注册会员，享受会员优惠。很多的酒店都有积分制度，会员每次消费都会积分，积分可以抵消房费，或是换免费房间。会员累计的积分越高，预订房间时享受到的优惠也就更多。

并且，这些大型的连锁酒店很多时候还会开展促销活动，尤其是在节假日促销活动会更多。所以在出行之前可以提前关注酒店官网，可能就会看到现金抵用券、返现券，甚至是现金红包等。

最后，随着移动互联网的兴起，许多酒店商家也推出了自己的 App 以开发及维护客户，为了完成引流，酒店商家会在 App 渠道中推出更多的优惠，例如积分更多，价格更低等。因此，预订酒店时可以考虑酒店 App 渠道，或者是酒店的微信小程序。

No. 044 淡季旅游错开高峰期更省

旅游的淡旺季区分比较明显，例如五一节、国庆节和春节一般都是旅游旺季，而平常 3 月、4 月或 11 月、12 月则是旅游的淡季。同样的风景区，同样的娱乐设备设施，淡季与旺季的价格却相差甚远。因此，如果时间上有选择的余地，应该尽量选择淡季出行，旅游性价比更高。

淡季旅游最大的好处在于更省，具体表现在如表 4-4 所示的三个方面。

表 4-4　淡季旅游更省钱的表现

表　现	内　容
航班便宜	航行机票是外出旅游中的一项重大支出，机票优惠能够大幅降低外出旅行的开销。淡季时出行的旅客较少，航班也更便宜
酒店便宜	淡季时出行的人少，大部分酒店的入住率都不高，为了吸引客户入住经常会打折促销，而旺季时因为客流量较大，酒店房间供不应求，所以常常会以标准价出售，或者是涨价出售
饮食便宜	外出旅游离不开美食，尤其是一些特色的地域性美食。在旺季时常常会出现排队购买，高价购买，甚至是限量购买的情况；但在淡季时就能很好规避这一系列问题，不仅可以吃好，还能吃得更便宜

除了上述的价格优势之外，淡季旅游还有下列两点优势：

①游客数量较少，不管是景区，还是娱乐项目，都省去了排长队的情况，可以使旅程更轻松。

②淡季时旅游能够看到更多的景点，而不用将大部分的时间用在堵车、

等待上，能够将所有的时间都花费在游玩上。

所以，如果你想外出旅游更节省一些，也能更好地感受一下旅游地，就应该认真考虑错开高峰时间段。

No.045 特价机票的购买法

除了购票 App 上的标价之外，我们还可以选择特价机票，价格更便宜。特价机票分为两种：一是普通的便宜机票；二是航空公司的活动特价票。下面来分别介绍这两种机票的购买方法。

（1）普通便宜机票

在日常生活中我们要购买便宜机票，可以先了解一些购买技巧，如表 4-5 所示。

表 4-5　普通便宜机票的购买技巧

技　巧	内　容
根据时间购买	航班也有季节之分，每年的 3 月和 9 月是航班换季的时候，在换季的时候往往会出来一波便宜的机票。以三亚为例，由于三亚温暖，冬季旅游的人更多，夏季较少。 此外，购买机票一定要提前购买，国内机票一般提前 2 周，国际航班提前 1～2 个月，这样能够买到更便宜的机票
信用卡积分	信用卡积分可兑换航空里程，这些里程可用于兑换机票。如今很多的航空公司都推出了合作信用卡活动，进入航空公司的官网即可查询并兑换
起飞地点	起飞地点不同航班的价格也不同，通常情况下，国内的大城市价格要比小城市便宜。如广州、深圳要比周边的佛山、惠州飞同一个地点更便宜
中转购买	直飞通常比中转价格更贵，如果时间上还有余地，可以选择中转飞行
团体票	如果出行的人较多时可以考虑团体票，通常 10 人及以上就可以考虑团体票了，团体票比个人票更便宜

（2）航空公司的特价票

航空公司有一些促销的特价机票，抢到这些机票能够享受到更多优惠，具体方法如下所示。

◆　根据目的地选择航空公司

同样的目的地，不同的航空公司价格也不同，所以购买机票时可以根据目的地来进行选择。具体如下：

①国内航班可以选择吉祥航空和春秋航空。

②东南亚方向的航班可以选择亚航、酷航、宿务太平洋航空、捷星航空，以及飞鸟航空。

③日韩方向的航班可以选择香港快运航空、香草航空、乐桃航空、釜山航空。

④欧洲方向的航班可以选择瑞安航空、易捷航空、柏林航空、德国之翼、伏林航空以及欧洲之翼航班。

⑤北美方向的航班可以选择越洋航空、西捷航空和美国西南航空。

⑥澳洲方向的航班可以选择捷星航空。

◆　根据航空会员日购买

各大航空公司都会在会员日放出大量的特价机票，因此在会员日购买能够买到更低价的机票。各大航空公司会员日时间如表 4-6 所示。

表 4-6　航空公司会员日时间表

航空公司	会员时间	航空公司	会员时间
海南航空	每月 8 日	厦门航空	每月 9 日
深圳航空	每月 12 日	东方航空	每月 9 日

续表

航空公司	会员时间	航空公司	会员时间
四川航空	每季 19 日	吉祥航空	每月 25 日
春秋航空	每月 27 日	南方航空	每月 28 日
瑞丽航空	每月 18 日	西部航空	每周三

No. 046 跟团游省心更方便

除了个人自由行之外，跟团游也是一种比较好的外出旅行方式。跟团游就是一群人形成一个小的团队，由导游带队负责安排队员们的吃、住、行、玩，而队员们则只要负责听从游客的安排和指挥就行了。

跟团旅游是目前比较热门的一种外出旅行方式，因为比起个人自由行，跟团出游确实更省心，也更省钱，具体如下：

①跟团旅行不用担心买不到机票，旅行团团购机票省心，也更实惠。

②旅游旺季不用担心预订不到酒店，旅行团的合作酒店会提前预留酒店房间。

③景点中转不用担心交通问题，大部分的旅行团自配旅游大巴，方便转场。即便是不能大巴转场的景点，导游也会提前安排车辆。

④景点游玩不用担心被骗，有导游带队更能避免一些当地的景区骗局。

⑤饮食不用担心，导游会根据旅行地点的地方特色安排特色饮食，团队共同分摊，价格更便宜。

当然，跟团旅游与个人行最大的差异在于行动自由，这也是大部分人难以接受跟团旅游的原因，具体表现在以下几个方面：

①跟团旅游的时间要受到导游的安排，包括起床时间、吃饭时间、景点观光时间，自由度较低，尤其是对一些喜欢睡懒觉，倾向自由漫行的人来说，更不适合。

②跟团游要和一些不认识的陌生人一起玩，一起吃住，容易感到尴尬、不自在。

③启程和回程的时间比较固定，难以自己掌控，如果是自由行则可以根据实际出游的情况进行改变。

总结对比来看，跟团游确实具有一定的优势，尤其是对一些自我生活能力不足的人来说，这种全方位安排的方式比较适合，且同行的人也能有个照顾。因此，跟团旅游比较适合老年人、中年人。但是对于年轻人来说，他们追求个性化的旅游，习惯自由，不喜欢受约束，所以普遍不会选择跟团旅游。

需要注意的是，近年来一些不良跟团旅行社出现破坏旅游市场的行为，强制购物的恶性事件时有发生，为避免这类事情，我们在选择跟团旅行时应该从以下三个方面进行考虑：

◆　提前做好出行计划

外出旅游之前应该提前做好相关的出行计划，包括旅游时间、人数等，然后提前选择有质量保障的正规旅行社。如果时间紧凑，临时报名就容易遇到劣质旅行团。

◆　选择旅行社

跟团游能不能玩得开心，很大程度取决于旅行社的选择。如果选择到不良旅行社必然是一场多灾多难的旅行。市面上的旅行社较多，质量参差不齐，我们很难判断。但是首先要选择正规、合法的旅行社，其次选择时不能一味地追求低价旅行团，选择越是低价的旅行团就越容易陷入不良旅行社的陷阱中。

◆ 仔细阅读合同

在签订合同之前要仔细查看合同的内容，包括时间、地点、价格，以及价格包不包含景点门票，有没有额外的付费项目，有没有购物景点和消费要求等，这些都需要仔细地看清楚，以免日后发生纠纷，同时发生纠纷时也有维权的证据。

No.047 纪念品，重要的是心意

很多人到外地旅游都有购买特色产品作为纪念品的习惯，但是很多人不知道买纪念品也有讲究，否则花了大价钱，却仍然买到一系列不称心的物品。

在购买旅游品时，首先我们要明白，纪念品应该是旅游当地富有地域特色和民族特色的礼品，能够让人通过礼品就能想起这段旅程，而不是一味追求昂贵的、有名气的。

因此，在购买旅游纪念品时应按照下列方法进行选择，以便买到不贵但又有特色的旅游纪念品。

不在旅游景点购买。 旅游景点纪念品也非常多，许多到景点游玩的游客都会购买一些纪念品。但是景区内的纪念品价格非常贵，且存在哄抬物价的情况，有时价格远远超过了其价值，所以最好不要在旅游景点购买纪念品。实际上，景区的纪念品在当地十分常见，即便离开景区也能在当地其他小店买到，而且价格更便宜。

不要轻信导游的忽悠。 跟团游时部分的导游会让游客购买纪念品，尤其是一些导游会将游客带到指定的商店进行选购。此时，一定要冷静，具有自己的判断力，不要被导游忽悠。

购买时选择地方特色产品。购买纪念品时应尽量选择具有地方特色的产品，这样的商品才具有纪念意义和价格优势，值得购买。例如西湖的龙井、重庆的火锅以及海南的椰子等，拒绝买一些同质化严重的商品。

购买的商品应小巧易携带。外出旅游时都应以轻便为主，如果购买的纪念品体积过大，重量过重，随身携带会很不方便，如果接下来还有旅程，带着它旅行也是一件比较麻烦的事情。如果将商品快递回去，可能快递费用还会高于商品本身的价格，不划算。

购买的商品应注重实用性。很多游客在购买纪念品时是一时兴起，但购买回家后发现毫无用处，渐渐落灰被遗忘。因此，我们在购买时应注意商品的实用性，除了吃、穿、用之外，具有纪念意义的摆件也值得购买。

切忌贪恋便宜。购买纪念品时都希望能买到便宜实惠且精美的纪念品，但是一些游客只顾便宜很可能会买到一些劣质产品。在一些景区，如果价格太低廉了就要怀疑该商品是不是假冒伪劣，例如假珍珠、翡翠、玉石、茶叶等。只有经得住价格的诱惑，才不会被这些骗局所影响。

4.3 上班族交通出行的省钱法

上班族每天都要乘坐各类交通工具上下班，虽然单笔花费并不高，但是日积月累，长期下来也是一笔较大的支出。如果上班族能够根据实际情况适当减少这部分开支，也可以节省不少花费。

No.048 自行车绿色出行，健康又实惠

自行车是一种非常健康的出行工具，借助自行车出行，既节约能源、提高能效、减少污染，又益于健康。具体来看，骑自行车上下班具有如图 4-4 所示的优势。

锻炼身体

骑自行车上下班能够锻炼身体，使身体更健康。双脚蹬骑自行车可以有效锻炼下肢肌力，强化全身耐力。

减少等待时间

骑自行车上下班减少了路边等待公交车的时间，尤其是在堵车的情况下，自行车受到的影响更小。

空气更好

不管是公交车，电车，还是地铁，都免不了要面对拥挤的人群，但是自行车则不同，一个人自由骑行，空气也更清新。

交通费用更低

骑自行车上下班花费的交通费用更低，如果是自己的自行车，除了购买自行车的花费之外，平时骑行不花费交通费用。如果是骑共享单车，每次骑行半小时以内仅仅花费 1.5 元。

图 4-4　骑自行车上下班的好处

通过上图，我们可以看到骑自行车上下班有很多好处，其中最重要的一点是"交通费更低"。随着共享经济的兴起，大量的共享单车出现在各个城市，例如青桔单车、美团单车以及哈啰单车等，给人们出行带来了极大便捷的同时，也让市民享受到更多的实惠。

下面以青桔单车为例进行介绍。

理财实例 青桔单车骑行享受更多优惠

青桔单车为滴滴自有共享单车品牌，寓意是略显青涩又饱含希望的果实，如图4-5所示。

图4-5 青桔单车

人们使用青桔单车非常简单，可以通过微信扫一扫进入青桔单车程序，也可以下载青桔单车App进入程序，扫码解锁开始骑行。此外，还可以在青桔首页点击"青桔骑行卡"按钮，进入"购买骑行卡"页面，购买骑行卡能享受更多优惠，如图4-6所示。

图4-6 购买骑行卡

但是骑自行车也有一定的局限性，主要有以下两点：

①骑自行车上下班对距离有要求，一般在 40 分钟内的骑行可以接受，如果超过 40 分钟则不适合单车出行。

②骑自行车出行受天气影响较大，下雨天、下雪天以及烈日都不适合骑行。

No.049 骑上心爱的小摩托永远不堵车

骑上我心爱的小摩托。

它永远不会堵车。

骑上我心爱的小摩托。

我马上就到家了。

他让我远离烦恼和忧伤。

他带我重新回到自由天堂。

来吧来吧和我一起上路。

嘟嘟嘟 嘟嘟嘟嘟 嘟嘟嘟嘟 嘟嘟嘟嘟……

这是前段时间比较流行的一首歌，歌词比较简单魔性，很快就被传唱开来。其实，这也说出了一个大家比较反感的现象——堵车。大城市人口众多，车辆也多，早高峰、晚高峰堵车已成为一种常态。

此时，选择小摩托确实不失为一种较好的通勤方式。摩托出行是在自行车上的升级，它具有自行车自由出行的优势，却又没有自行车的速度限制。通常自行车骑行超过 40 分钟基本就不考虑了，但是摩托车却可以。此外，遇到大堵车的时候，摩托车可以充分体现出它的便捷性与灵敏性，堵车的概率较低。

大部分人对摩托车的不良印象在于安全性，觉得摩托车速度过快，不安全。实际上，这是对摩托车的偏见。出行的安全性在于驾驶人自身，与什么车关系不大。如果驾驶人是一个谨慎、细心的人，他无论开什么车都会很安全。反之，一个过度追求速度，对安全不负责的人，那么无论他开什么车都会有安全隐患。所以，我们不能将安全性较差怪罪到车子本身上去。

No.050 每天都要乘车办卡享优惠

对于一些确实不会骑车或开车的人来说，每日乘车就是他们的必选项目。但是，每日乘车也并非不能享受优惠，办理交通卡就是其中一种方法。

通常，每个城市都能办理当地的交通卡，使用交通卡可以享受打折的优惠服务。很多城市的交通卡分了许多类型，不同种类的交通卡可以享受不同力度的打折优惠。通常分为普通卡、学生卡、老年卡，学生卡和老年卡的打折力度会更强。其次，每次乘车使用交通卡也更便捷，免去了买票、提前准备零钱的问题。

办理交通卡非常简单，通常在地铁站附近购买充值即可。除了交通卡之外，还可以下载城市交通 App，使用电子交通卡，同样可以享受相应的打折优惠。

下面以成都天府通为例做介绍。

理财实例 用成都天府通实惠出行

成都天府通 App 是一款针对成都市民推出的市政交通一卡通客户端软件，市民借助天府通的乘车二维码可以直接完成公交车、电车以及地铁的换乘。并且市民通过天府通扫描二维码乘车，同样可以享受打折优惠。

另外，天府通内还会经常提供各类乘车优惠活动，关注并参加这些活动能够享受更多实惠。如图 4-7 所示，进入天府通首页，点击"乘车优惠"

按钮，即可查看相关的优惠活动。

图 4-7　查看乘车优惠活动

第 5 章

| 卖 |

闲置物品也能换钱

　　除了节约省钱之外，还要想办法赚取更多的钱。首先要做的就是清理家中的闲置物品，将它们换成钱，一方面增加自己的收入，另一方面也能使空间变得更整洁。

5.1 闲置图书的处理法

许多人家里都堆放着大量的闲置图书，有的书已经看过了不想再看，有的新书放在角落却从来没看过。这些书既占地方，又并无用处，卖废纸又可惜。但你不知道的是这些闲置的图书还有其他的处理办法，下面就来详细介绍。

No. 051 成色较新卖了换钱——多抓鱼

对于一些成色较新的旧图书可以将其放置在二手交易平台上转手，还能换得一些收入。目前，市场上这类图书二手交易平台有很多，例如多抓鱼、闲鱼等，操作起来都非常便捷、简单。

多抓鱼是一个专业的二手图书交易网站，在线销售自营的二手图书，提供了一套关于二手书定价、回收、清洁翻新，以及再次循环的服务。

下面以多抓鱼为例进行介绍。

理财实例 在多抓鱼 App 卖闲置图书

打开多抓鱼 App，在首页中点击下方的"卖东西"按钮，进入"卖东西给多抓鱼"页面。在页面下方点击"扫码卖书"按钮，如图 5-1 所示。

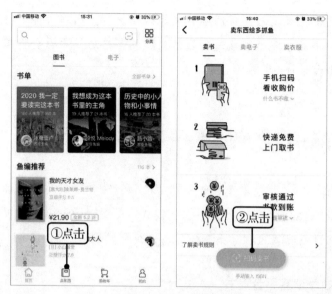

图 5-1　扫码卖书

　　扫描图书背后的条形码后页面会显示出图书的回收价格，点击"下一步"按钮，在打开的页面上填写姓名、电话及地址信息，然后点击"提交订单"按钮，如图 5-2 所示。

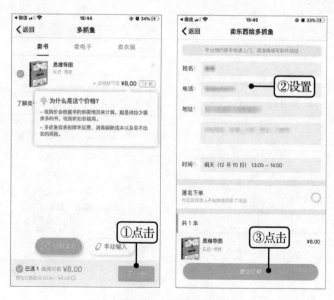

图 5-2　提交订单

订单提交完成之后，将图书打包等候快递员上门取件即可。平台收到书籍后会对书籍的完整程度进行审核，品相合格后，平台会将图书的钱转至用户的平台账户。

No.052 微信公众号在线收书——爱读客

除了专门的二手书交易 App 之外，还有一些微信公众号也在收购旧图书，利用这些微信公众号卖书不用下载 App，直接通过微信即可操作，更加便捷。爱读客就是这样一个微信公众号。

理财实例 在爱读客平台卖书

在微信中搜索爱读客公众号并关注，进入聊天界面。在页面下方点击"卖书"按钮，进入卖书页面。在该页面查看相关的卖书流程，然后点击"扫码卖书"按钮，如图 5-3 所示。

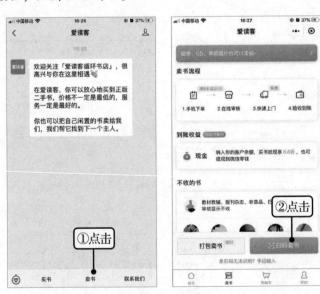

图 5-3　扫码卖书

需要注意的是，卖书之前通常需要注册爱读客的用户账号，可以用微信账号直接登录，登录之后扫码功能才能开启使用。扫描图书条形码后，页面会出现每本书的回收价格，点击"下一步"按钮。（需要注意的是爱读客每次卖书需要满足 8 本书或 20 元才能开始卖）。进入提交卖书订单页面，点击"添加回收地址"按钮，如图 5-4 所示。

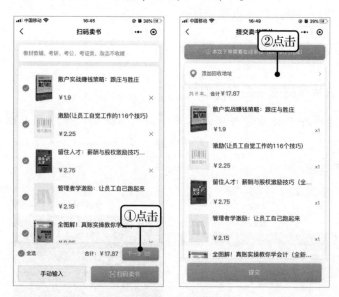

图 5-4　添加回收地址

添加完成后，返回至提交卖书订单页面，点击"提交"按钮。随后等待平台审核，快递员上门取件即可。

理财贴示　注意回收图书的类型

转卖旧图书时要注意图书的类型，大部分的图书平台对回收的图书都有要求，且不同的图书要求不同，例如明显污渍、发霉发臭、破损严重以及盗版书籍，此外有的平台也不收教材教辅、报刊、杂志。因此，在卖旧书之前首先要对该平台回收图书的类型做一个简单的了解。

No. 053 闲置书籍新玩法：以旧换旧

闲置书籍除了卖出换钱之外，还可以将其放置在图书交换平台，用自己的旧图书和别人的旧图书进行交换，可以将不用的旧图书循环起来，送至有需要的人手中，自己也能阅读到一些新的图书。

下面以换享好书公众号为例进行介绍。

理财实例 在换享好书平台交换旧书

关注换享好书公众号并进入程序（同意以微信号注册用户账号），在首页面中点击"+"按钮，在弹出的选择菜单中点击"单本上传"按钮，如图 5-5 所示。

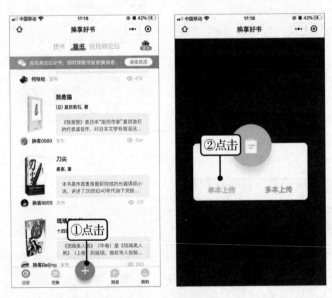

图 5-5　点击"单本上传"按钮

进入发布书籍页面，根据页面提示添加书籍信息，包括书的封面、书籍类别以及新旧程度等，然后点击"确定发布"按钮。发布成功后，页面会显示"发布成功"的提示，如图 5-6 所示。

图 5-6　成功发布图书

发布成功之后就可以等待别人的交换邀请，当然也可以主动申请交换。在搜索页面选择想要交换的图书。进入商品详情页面，确认后点击"书换书"按钮，如图 5-7 所示。

图 5-7　发出书换书邀请

如果对方同意换书，则双方邮寄图书即可。需要注意的是，邮寄的邮费需要交换双方各自承担，平台不负责。

5.2 闲置的衣物也需要处理

除了闲置图书之外，家里一般还会有许多闲置的、不喜欢穿的，但是并未损坏的、还可以穿的衣服。这些衣服处理得当，也可以变换成钱，为家庭增加收入。

No.054 贵重的大牌衣物二手交易网转卖

我们知道闲置的衣物可以放置在二手平台网站进行转卖，例如闲鱼App。但如果是家里比较贵重的一些高端衣物，则可以将其放置在专门的贵重衣物转卖平台，这样可以卖到一个更好的价钱。

将贵重衣物发布在专门的贵重衣物平台转卖的最大优势在于，这类专门的高端闲置品转卖平台通常都配有专业且权威的鉴别团队，能够鉴别商品的真假，帮助商品完成更高的定价。如果放置在普通的二手交易平台，即便是正品也很难得到买家的信任。

下面以红布林平台为例进行介绍。

理财实例 在红布林平台卖闲置衣物

打开红布林App进入首页，完成账户注册。在页面中点击"+"按钮，进入卖闲置页面，在页面点击"去寄卖"按钮，如图5-8所示。

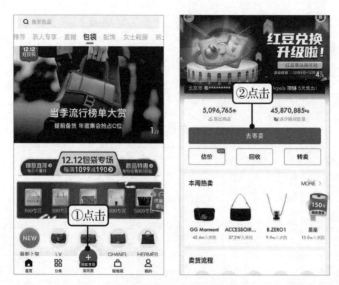

图 5-8 进入寄卖页面

进入商品提交页面，根据页面提示选择商品类型、品牌并添加图片，查看《红布林卖家须知》并确认后，选中"我已阅读并同意"前的单选按钮，然后点击"提交商品"按钮，提交成功后页面会有提示，如图 5-9 所示。

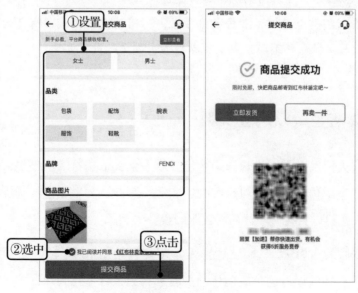

图 5-9 提交商品

提交商品之后，再根据页面提示发货，将商品邮寄至平台进行审核检验即可。鉴定通过之后，卖家在24小时内定价，如果24小时内未定价则将按照平台的建议售价进行售价。

表5-1所示为红布林定价调价的规则。

表5-1　红布林定价调价规则

项　　目	极速变卖	中速变卖	自主调价
初始售价	自己定价	自己定价	自己定价
价格调整	平台	平台	自己
降价幅度	较大	适中	自己
售卖速度	极速	中速	较慢
曝光	多	较多	普通
模式修改	不可修改	可修改为极速	可修改为极速或中速

注：极速、中速变卖在上架20天后可以自己设置底价促销进行降价，然后平台会根据不低于底价的价格进行降价处理。

可以看到，平台提供了三种定价方式，不同的定价方式，商品的曝光程度不同，变卖速度也不同。卖家可以根据实际情况进行选择。

No.055 实体店也可以回收衣服

大部分人提及旧衣回收想到的多是二手平台App进行转卖销售，但是很多人不知道实体店其实也可以回收旧衣服。因此，如果觉得转卖等待比较麻烦的人也可以直接去实体店将衣服回收。

以茵曼服装店为例，该服装品牌从2016年开始发起"衣起重生"项目，目的在于希望能够通过这个活动让消费者和普通大众参与到环保中，让大家意识到每一件衣服都能产生更大的价值。每回收 1 公斤的衣物就可以节省 6 000 升的工业用水、3.5 公斤的二氧化碳排放以及 0.3 公斤农药的使用，这些都可以对我们的生活环境、空气以及水质产生积极的影响。

实体店回升衣服非常简单，很多店内都会置放一个回收箱，如图 5-10 所示。

图 5-10　茵曼旧衣回收箱

入店之后直接将衣服交给店员，跟店员说明就可以了。店员通常会询问有几件衣服，问完就会将衣服放进回收箱内。

当那么店铺回收的旧衣服去了哪里呢？又有什么用途呢？实际上，不同的品牌对旧衣服的处理方法会有不同，但大致上都以回收利用、循环再生产为主。

茵曼的旧衣物主要有以下四项去处。

环保再生。主要是将可以用于再生的棉毛、绵纶、涤纶等旧衣物交给再生工厂进行破碎，去除拉链、纽扣等配置之后，再通过清洗等化学方式将其加工成各类材料，用于纺织品再生产。

公益捐赠。对于符合捐赠标准的衣物，例如较新、质量较好的衣物，在对其进行清洗、消毒之后捐赠到贫困山区或公益组织以及个人。

旧衣出口。对于较新的、质量较好的夏装经过清洗、消毒之后，交给相关的外贸公司出口到非洲、东南亚等一些贫困国家。

为了进一步帮助人们更加便捷地回收衣服，很多店铺还提供了在线预约回收旧衣的入口。以茵曼为例，该品牌除了实体店回收之外，还提供了微信的回收入口。

理财实例 茵曼线上回收旧衣

打开微信，在公众号搜索栏中输入"yingman"（或输入"茵曼"），点击"茵曼"超链接，进入公众号，点击"关注"按钮，如图 5-11 所示。

图 5-11　关注茵曼公众号

进入公众号，在页面底部点击"关于我们"按钮，在弹出的菜单中选择"旧衣回收"选项，进入到旧衣回收页面。在页面中点击"预约收衣"按钮，如图 5-12 所示。

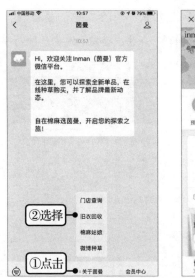

图 5-12　预约回收旧衣

　　进入预约收衣页面，程序会自动弹出"新建收衣信息"对话框，在其中按照提示完成地址和个人信息的填写，并点击"保存"按钮。返回到地址列表选择刚刚新建的地址前的单选按钮，点击"确定"按钮，如图 5-13 所示。

图 5-13　设置地址信息

随后自动返回至预约收衣页面，点击"预约日期"超链接，在打开的预约日期页面中选择预约日期和时间段，点击"确定"按钮，如图5-14所示。

图 5-14　预约日期

稍后自动返回至预约收衣页面，预估衣服重量，在默认情况下旧衣重量在 5 ~ 10 kg，如果衣服超过这一重量需要自行设置更高的预估重量（但是需要注意，5 kg 以下的旧衣暂不回收），最后提交即可。

在完成旧衣回收之后平台会赠送一些环保豆，这些环保豆可以兑换各类商品，包括食品、生活用品以及清洁用品等。

No. 056　QQ 群闲置衣物好去处

QQ 群也是闲置衣物的一个好去处，QQ 群作为一个社交媒体群，能够将有共同兴趣和需求的人聚集在一起聊天分享。因此，也有很多的闲置物品的处理群。

我们可以直接登录 QQ，通过 QQ 群查找功能，输入关键字搜索目标群，例如输入"闲置衣物"关键字，搜索结果如图 5-15 所示。

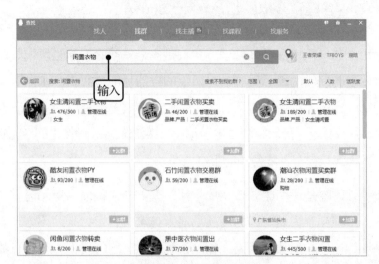

图 5-15　搜索闲置衣物 QQ 群

然后只要申请入群，参与群聊即可。需要注意的是，这类 QQ 群属于私人创建，没有正规的管理，在交易时要警惕资金的安全性。

5.3　家用电器回收处理法

除了闲置的图书和衣物之外，大部分的家庭还有一类难以处理的闲置物品，就是家用电器。目前市面上的家用电器更新换代太快了，很多家电并非不能使用，而是家庭成员想要使用更新款的、功能更多的、更便捷的产品。所以，旧的家用电器就不知道怎么处理了，放在家中又占位置。其实，家里的家用电器也可以回收变现处理。

No.057 最简单直接的处理法——废品站

家用电器最简单粗暴的处理方式就是废品站回收，通过废旧物品回收来进行变现。一般的废品回收站对回收的电器只能进行拆和分两种处理。首先把回收的电器拆解，然后分类，一般按照材料的属性，如铜、铁、塑料、纸等进行分类，最后转卖给下游渠道。通常废品站回收的价格比较低，因此更适合那些完全不能使用的报废电器。

废品站回收是一个比较传统的方法，大部分人都能在第一时间想到，但很多人却不愿意去做。因为废品站通常离家位置远，来回不方便。并且如果是小件还好，但如果是大件物品，既笨重又费时费力，很有可能搬运的费用都比卖出得到的费用多，不划算。

但是，随着互联网的兴起，"互联网 + 废品"的模式也出现在了人们的日常生活中，而传统的走街串巷吆喝式的废品回收方式逐渐被取代，人们变卖废品也更加便捷了。

如今市面上出现了许多废品回收的 App，只需要通过手机预约，就会有回收人员专门上门来回收，足不出户就能完成废品变卖。

下面以废品回收联盟 App 为例进行介绍。

理财实例 在废品回收联盟平台预约回收闲置家电

下载并打开废品回收联盟 App，进入首页，在个人中心注册并登录该 App 的用户账号。

返回至 App 首页即可以看到各类回收的废品分类信息，在页面中点击"家电"按钮。页面跳转至回收公司页面，系统根据定位的地址显示回收公司列表，在列表中选择回收公司，如图 5-16 所示。

图 5-16　选择回收公司

进入商家详情页面，点击"免费预约"按钮，在下方弹出的服务方式菜单中点击"上门服务"按钮，再点击"确认下单"按钮，如图 5-17 所示。

图 5-17　选择服务方式

进入预约下单页面，根据页面提示设置预约数量、服务地址和服务时间，如图5-18所示，然后提交订单，等待服务人员上门即可。

图5-18 提交订单

No.058 京东家电，家电回收更方便

京东家电是京东购物平台下的家电买卖板块，在该板块中除了全新售卖的家电产品外，也提供回收二手家电的服务，不过只支持以旧换新，即旧家电回收之后不会直接给付现金，而是在购买新产品时抵消旧家电部分的金额。不同的平台规则不同，有的平台也会进行现金转账。

理财实例 在京东平台进行家电以旧换新

登录京东商城，单击左侧菜单栏中"家用电器"分类，如图5-19所示。

图5-19 单击"家用电器"分类

进入京东家电页面，在该页面中单击"以旧换新"选项卡，如图 5-20 所示。

图 5-20 单击"以旧换新"选项卡

进入以旧换新页面，在页面中选择需要更换购买的新产品，这里选择空调，如图 5-21 所示。

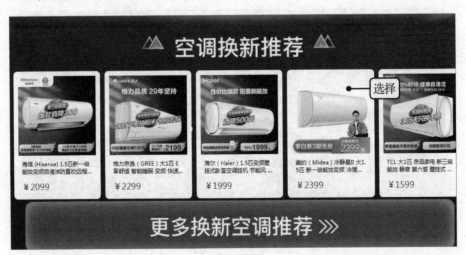

图 5-21 选择新产品

进入商品详情页面，在该页面仔细查看确认新商品的产品信息，随后单击"家电回收"按钮，如图 5-22 所示。

图 5-22　单击"家电回收"按钮

　　进入家电回收页面，向下滑动页面，在"需回收商品选择"栏中选择需要回收的家电类型，这里以冰箱回收为例进行介绍，单击"冰箱回收"按钮，如图 5-23 所示。

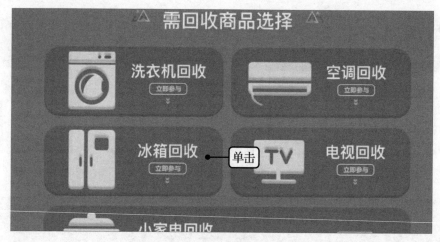

图 5-23　单击"冰箱回收"按钮

　　随后进入京东拍拍回收页面，在页面中显示了回收家电的类型，确认无误后，再确认回收家电的地址，然后单击"立即询价"按钮，如图 5-24 所示。

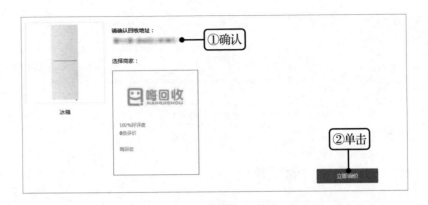

图 5-24　确认回收家电的类型和地址

根据页面提示确认旧冰箱的状况，包括冰箱的容积、规格、品牌、年限以及制冷是否正常，然后单击"查看报价"按钮，如图 5-25 所示。

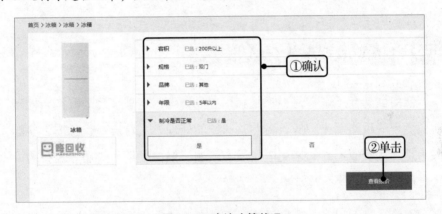

图 5-25　确认冰箱状况

随后即可查看到旧冰箱具体的回收价格，若对家电的回收价格没有异议，则选择收款方式，这里选择"银行卡"选项，然后单击"立即回收"按钮，如图 5-26 所示。

需要注意的是，这里的询价结果并非最终的价格，而是初步的估价，具体的价格要以专业人员上门确认后的价格为准，中间可能会存在一定的差价。

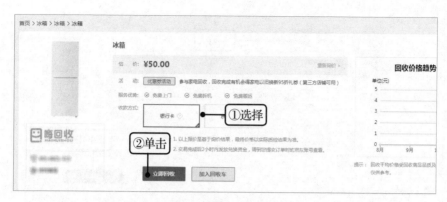

图 5-26　确认价格

随后根据页面提示选择银行卡，预约上门回收的时间，等待服务人员上门回收旧机。等回收完成，旧机款发放就能购买新的家电产品了。

No.059 贵重的电器个人转卖价更高

从前面的介绍来看，不管是利用废品处理，还是平台以旧换新处理，转卖变现的价格都比较低。当然，这样的处理方式对于一些急需更换的，或者是利用价值不高的家用电器没有问题。但如果是一些功能较新的，比较贵重的电器，就不太划算。

因此，对于一些比较贵重的，且具有一定价值的电器，还是建议以个人转卖的方式进行降价出售，得到的价格更高，也更划算。

比较常见的是利用二手平台转卖出去，下面以闲鱼 App 为例进行介绍。

理财实例 用闲鱼 App 转卖闲置家电

打开并登录闲鱼 App，随后进入闲鱼推荐页面。在页面下方点击"+"按钮，并在弹出的菜单选项中点击"发闲置"按钮，如图 5-27 所示。

图 5-27　点击"发闲置"按钮

随后同意 App 访问相机，可以通过拍照、拍视频以及相册上传照片的方式上传电器的相关信息，这里选择相册照片。然后进入照片编辑页面，在该页面可以对图片添加贴纸、裁剪尺寸，并关联同类型商品，设置完成后点击"下一步"按钮，如图 5-28 所示。

图 5-28　设置图片

进入宝贝发布页面，在页面中输入商品类型，转卖原因以及相关信息，并在下方设置价格，完成后在页面右上方点击"发布"按钮。页面会显示"发布成功"的提示，随后等待买家即可，如图5-29所示。

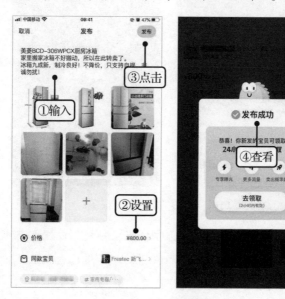

图 5-29　发布商品

No.060 找专业的回收平台高价回收

自己转卖虽然价格更容易把控，但是耗费的时间可能更长。如果想要以更快的速度变现，此时可以查询一些专业的回收平台，既能得到一个好的价钱，耗费的时间也更短。但是，因为这类平台更专业，所以对回收的产品要求也更高，一般比较适合家里的数码产品、笔记本及摄影器材等产品。

以爱回收平台为例，该平台是一个专门的3C电子产品交易平台，高价回收手机、平板电脑、笔记本、摄影器材以及智能数码产品。下面来具体看看。

理财实例 在爱回收平台转卖手机

　　下载并安装爱回收 App，打开 App 后注册并登录账号。进入首页，点击"旧机回收"超链接进入回收页面，根据页面提示进行选择，这里以推荐的本机手机为例进行介绍，点击页面中的"立即估价"按钮，如图 5-30 所示。

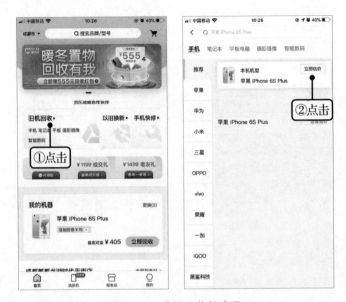

图 5-30　选择回收的产品

　　进入"填写估价信息"页面，在该页面会对手机的情况进行询问，包括手机的使用情况、运行情况、个人账号是否可以退出、购买渠道、型号、存储容量、边框背板、屏幕外观、屏幕显示、维修情况、零件维修情况以及受潮情况等，只要据实回答即可。完成后在页面点击"马上估价"按钮，进入下单页面。

　　在页面中可查看到评估的价格，确认同意后，可以选择回收方式。该平台一共提供 3 种方式，包括去门店、约上门、寄快递，都需要在该页面完成线上下单。这里选择"去门店"选项，输入手机号，选择就近的门店，预约时间，最后点击"提交订单"按钮即可，如图 5-31 所示。

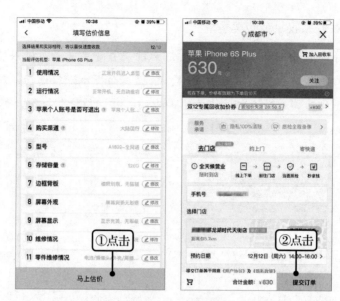

图 5-31　提交订单

　　提交订单后，在预约时间内去门店交手机当面质检，完成后即可收到回收的钱。

第 6 章

存

闲钱储蓄让钱生钱

　　储蓄，永远是一种经久不衰的理财方式。因为其具有资金安全、方式简单，还能增加收益，让钱生钱的特点，所以无论何时储蓄都能给人带来满满的安全感，进而广受推崇。

6.1 银行储蓄安全性高

对于储蓄，首先要提到的就是银行。银行储蓄确实是一种比较传统的储蓄方式，且因为低门槛、低风险的特性受到许多人的青睐。但是，很多人不知道的是，即便是银行储蓄也有多种多样的储蓄方式。

No. 061 小钱存活期灵活又便捷

银行储蓄类型中有一类活期储蓄比较适合家庭生活中的闲散小钱，例如家庭生活费或临时周转资金存储。活期储蓄指既不规定存款的期限，也不规定存钱的金额，1 元起存，随存随取的存款方式。

对于投资理财来说，人们最为关心的就是收益，活期储蓄当然也不例外，需要对活期储蓄中的利息收益做详细的了解，具体如下：

①活期储蓄的基准年利率为 0.35%，不同的银行会在基准利率的基础上出现上下调整的可能性，但波动的幅度不大。

②活期储蓄存款按季度计息，结息日为每季度末月的 20 日，然后在季度末月的 21 日办理利息转账。结息期是从上季度末月 21 日开始，至本季度末月 20 日止。

③因为活期储蓄的时间期限不同，银行在计算利息时会将年利率换算成月利率和日利率，换算公式为：月利率（‰）＝年利率（%）÷12；日利率（‰）＝年利率（%）÷360。其中，年利率除以 360 换算成日利率，

而不是除以 365 或闰年实际天数 366，因为活期储蓄存款一年分为 12 个月，每月按照 30 天来计算利息。

④活期储蓄的利息计算公式：利息 = 本金 × 实际天数 × 日利率。

⑤银行计息按照每日的晚上 12 点结算时账户上的余额进行计算，如果储蓄在早上存入，晚上 12 点之前取出是不计算利息的。

下面通过一个具体的案例来计算利息。

理财实例 **50 000 元活期储蓄的利息计算**

如果王女士在 2019 年 1 月 1 日往自己的账户中存入 50 000 元，已知该银行的活期储蓄年利率为 0.35%，2020 年 10 月 28 日王女士的账户中有多少钱呢？

2019 年 3 月 20 日：利息 =50 000×80×（0.35%÷360）=38.89（元）

2019 年 6 月 20 日：利息 =50 038.89×90×（0.35%÷360）=43.78（元）

2019 年 9 月 20 日：利息 =50 082.67×90×（0.35%÷360）=43.82（元）

2019 年 12 月 20 日：利息 =50 126.49×90×（0.35%÷360）=43.86（元）

2020 年 3 月 20 日：利息 =50 170.35×90×（0.35%÷360）=43.90（元）

2020 年 6 月 20 日：利息 =50 214.25×90×（0.35%÷360）=43.94（元）

2020 年 9 月 20 日：利息 =50 258.19×90×（0.35%÷360）=43.98（元）

2020 年 10 月 28 日：账户余额 =50 258.19+43.98=50 302.17（元）

所以王女士的账户余额变化情况如表 6-1 所示。

表 6-1　王女士的活期储蓄账户变化情况

日　　期	存款余额（元）	计息基数	计息天数	利息（元）
2019 年 1 月 1 日	50 000			
2019 年 3 月 20 日		50 000	80	38.89
2019 年 3 月 21 日	50 038.89			

续表

日　期	存款余额（元）	计息基数	计息天数	利息（元）
2019 年 6 月 20 日		50 038.89	90	43.78
2019 年 6 月 21 日	50 082.67			
2019 年 9 月 20 日		50 082.67	90	43.82
2019 年 9 月 21 日	50 126.49			
2019 年 12 月 20 日		50 126.49	90	43.86
2019 年 12 月 21 日	50 170.35			
2020 年 3 月 20 日		50 170.35	90	43.90
2020 年 3 月 21 日	50 214.25			
2020 年 6 月 20 日		50 214.25	90	43.94
2020 年 6 月 21 日	50 258.19			
2020 年 9 月 20 日		50 258.19	90	43.98
2020 年 9 月 21 日	50 302.17			
2020 年 10 月 28 日	50 302.17			

　　通过上述案例的计算可以看出，王女士的 50 000 元活期储蓄通过 1 年多的时间得到了 302.17 元的利息。这样的收益在理财中不算高收益，但是活期储蓄最大的优势并不在于利息，而是其随存随取的灵活性和便捷性，所以对于日常的闲置零钱来说，这样的收益也是可取的。

No.062 大钱存定期得更高利息

　　与活动储蓄相对应的是定期储蓄，它是指银行事先与存款人约定存款的期限与利率，到期之后存款人一次性支取本息的存款方式。定期存款最大的特点在于时间，如果存款人在约定的存款到期日支取本息，则可以提取约定的本息金额；如果存款人提前到银行支取，则按照活期存款利率计算利息；如果存款人逾期到银行支取，逾期部分的利息计算则按照支取日的活期存款利率进行计算。

并且定期存款根据存款和取款方式的不同，也有不同的分类，以便适应不同需要的存款人。具体类型如图 6-1 所示。

整存整取

整存整取是最常见的一种定期存款方式，它是由储户自由选择存款的期限，一次性存入，到期后再一次性支取本息的存款方式。整存整取的利率相对来说较高，且利率大小与期限长短成正比。从最新的基准利率来看，整存整取的年利率分为 5 个档次：三个月为 1.35%、半年为 1.55%、一年为 1.75%、两年为 2.25%，三年或五年为 2.75%。

零存整取

零存整取是指储户与银行约定存款期限和时间，每月固定时间存入固定金额，到期后一次性支取本息的一种存款方式。零存整取最大的特点在于具有约束性、计划性和积累性，能够帮助储户强制储蓄。（这里不做过多介绍，后面详细说明）

整存零取

整存零取是指储户与银行约定一次性存入本金，然后固定期限内分次支取本金的一种存款方式。这类存款的起存金额在 1 000 元，支取通常分为一个月、三个月及半年一次。这类存款比较适合养老，一次性存入，然后每月领取固定费用作为生活开支。

存本取息

存本取息定期储蓄是指个人将属于其所有的人民币一次性存入较大的金额，分次支取利息，到期支取本金的一种存款方式。5 000 元起存。存期分为一年、三年、五年。

图 6-1　定期存款的类型

从上图可以看到，定期存款的类型有很多，储户可以根据实际需要和资金使用情况来选择。并且，定期存款的利率普遍远高于活期储蓄，储户能得到更高的利息。

但是，定期存款确实在灵活性方面不如活期存款，受到的限制较多，因此更适合家中的一些闲置的、暂时不用的大额资金。

No. 063 零存整取，慢慢积累也能成大财富

在前面一节中我们简单介绍过定期存款中的零存整取，这一节将重点介绍零存整取这种定期存款方式。

零存整取与传统意义上的定期存款不同，一般定期存款是一次性存入一笔资金，存放一定时间；但是零存整取则是一种有固定的存款期限、每月固定金额存款、到期一次性支取本息的定期储蓄存款的方式。

通常零存整取每月5元起存，每月存入一次，中途如有漏存，应在次月补齐，只有一次补交机会。存期分为一年、三年和五年。零存整取的利息计算公式如下：

利息 = 月存金额 × 累计月积数 × 月利率

累计月积数 =（存入次数 +1）÷2× 存入次数

据此推算，一年期的累计月积数为（12+1）÷2×12=78，以此类推，三年期、五年期的累计月积数分别为666和1 830。

零存整取根据储户的对象不同，分为三种类型，具体如下：

◆ **个人零存整取定期储蓄存款**：个人零存整取定期储蓄存款就是常规的普通家庭适用的零存整取类型。

- ◆ **集体零存整取定期储蓄存款**：集体零存整取定期储蓄存款是指由企业事业单位或群众团体集中代办，由员工自愿参加的一种事先约定金额，逐月按约定金额存入，到期支取本息的储蓄存款。起存金额为 50 元，存期为一年。

- ◆ **教育储蓄**：教育储蓄是针对在校四年级（含四年级）以上的学生而开办的零存整取式的定期存款，存款到期用户可凭存执和学校提供的正在接受非义务教育的学生身份证明一次支取本息。并且，储户可以凭"证明"享受利率优惠，并免征储蓄利率所得税。存期分一年、三年、六年，最低起存金额为 50 元，本金合计最高限额为 2 万元。

零存整取适合每月收入固定的工薪家庭，及每月生活有结余的家庭等各类储户参加，能够帮助家庭成员养成财富积累的习惯。

No.064 通知存款，定活两便的存款法

通知存款没有固定的期限，但是储户必须预先通知银行方才能提取存款，它是西方国家商业银行存款的一种。预先通知的期限为 1 日和 7 日两种。

根据上述介绍可以看出，通知存款兼具了活期存款和定期存款的特点，这也是其主要特点，但是通知存款的利息计算却高于活期存款小于定期存款。因为通知存款没有固定的存期，所以其利息以日计算，利率视通知期限长短而定。存款经通知而到期，存款人不提取的部分，过期不计算利息。

储户需要注意以下五类情况，如果储户的通知存款出现下列情况，银行则会按照支取日挂牌公告的活期存款利率计息。

①实际存期不足通知期限的，按活期存款利率计息。

②未提前通知而支取的，支取部分按活期存款利率计息。

③已办理通知手续而提前支取或逾期支取的，支取部分按活期存款利率计息。

④支取金额不足或超过约定金额的，不足或超过部分按支取日活期存款利率计息。

⑤支取金额不足最低支取金额的，按活期存款利率计息。

通知存款通常适合近期要支取大额活期存款的储户，一般提前通知取款的期限设定为 7 天比较合理。

6.2 借助 App 中的理财工具，
　　让零钱也能享收益

储蓄除了银行之外，还可以借助金融 App 完成。市面上有许多的金融 App 都提供了储蓄功能，如果不想通过银行储蓄，也可以借助这些金融理财工具来完成闲钱的储蓄。

No.065 微信零钱通不支付时还可领收益

微信相信大家都知道，它是我们日常生活中主要应用的 App 之一，不仅可以联系亲友，还可以用于支付，方便生活。但是，微信中除了微信零钱可以支付之外，还有一个微信零钱通服务。

微信零钱通与微信零钱类似，同样可以将零钱通中的钱直接用于转账、扫码支付、发红包以及还信用卡等。但其又与微信零钱存在明显的不同，即当资金放置在零钱通中不使用时，可以赚取收益，而微信零钱则没有变化。图 6-2 所示为微信零钱通收益。

图 6-2 微信零钱通收益

从上图可以看到，将零钱放入微信零钱通实际上是购买了华宝现金宝A 基金，7 日年化收益率为 2.458 0%。华宝现金宝 A 基金为货币基金，货币基金是低风险理财产品的一种，显示的 7 日年化收益率是根据最近 7 天的平均万份收益率计算的全年预期收益，也就是说，如果未来一年继续保持这个收益率，那么在零钱通中存入 1 万元，一年可以得到 245.8 元的利息。1 万元如果银行活期储蓄 1 年，按 0.35% 的年利率，可以得到 35 元左右的利息。

可以看出，零钱通的资金与活期储蓄一样支持随时转进转出，但是零钱通的收益率却明显高于活期储蓄。因此，对于一些零散的生活开销费用可以将其放置在微信零钱通中增值。

另外，微信零钱通中的货币基金并不是固定的，用户可以根据自己的需要进行更换调整。如果用户觉得自己选择的货币基金收益不理想，可以更换为其他的货币基金。

在零钱通页面点击 7 日年化收益率进入基金详情页面，在页面下方点击"查看更多产品"按钮，进入更换产品页面。在页面中选择需要更换的货币基金种类，查看《服务协议及风险提示》，确认无误后选中《服务协议及风险提示》前的单选按钮，最后点击"更换"按钮，如图 6-3 所示。然后根据页面提示输入支付密码即可。

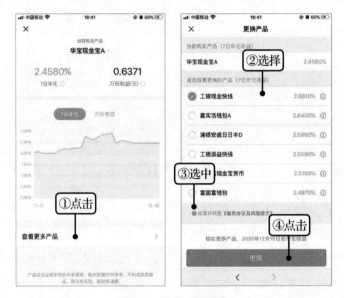

图 6-3　更换货币基金

对于习惯用微信支付，且微信零钱中长期放置零钱的人来说，将资金转至微信零钱通是一个不错的方法，既不影响正常的支付，也能够享受收益。

No. 066　余额宝，余额的好去处

除了微信之外，还有一个不得不提的金融 App——支付宝，它也是日

常生活中比较常用的一种扫码支付方式。支付宝与微信一样，具有余额和余额宝两项功能。余额是我们在支付宝平台中的可用资金账户，可以直接用余额中的钱完成各类支付。而资金转入余额宝，同微信零钱通一样，即购买货币基金，可享受货币基金收益。图 6-4 所示为余额宝收益率。

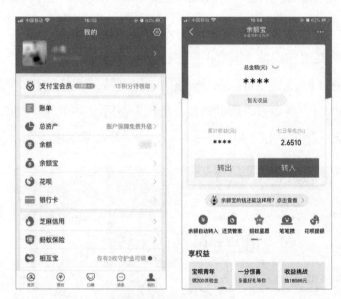

图 6-4　余额宝收益率

　　余额宝的功能与微信零钱通类似，可以更换货币基金，也支持随存随取，这里不过多介绍了。对于习惯使用支付宝的人来说，余额宝不失为一个储存资金的好去处。

No.067　笔笔攒，消费式的存钱法

　　笔笔攒是余额宝下的一个存钱功能，用户通过支付宝每进行一笔消费后，就将对应的一笔金额的款项从用户的指定账户中扣除，用于余额宝货币基金申购。简单来说，就是每一笔支付宝指定消费，对应一次余额宝货

币基金申购。笔笔攒属于消费式的储蓄方式，能够让用户一边消费，一边不自觉地储蓄小钱，且这些钱同样享受收益。

笔笔攒类似于零钱存钱罐功能，每次消费时自动储蓄一些小额零钱，例如1.88元、2.88元、3.88元及5.88元等，积少成多，在不经意间就可以帮助用户养成储蓄的习惯。

进入余额宝，点击"笔笔攒"按钮进入笔笔攒页面，页面自动默认每花一笔就攒1.88元，也可以在页面下方选择金额，或者自定义金额，这里设置为2.88元，随后查看服务协议，确认无误后选中"同意"单选按钮，点击"体验一下"按钮，如图6-5所示，即可开通笔笔攒功能。

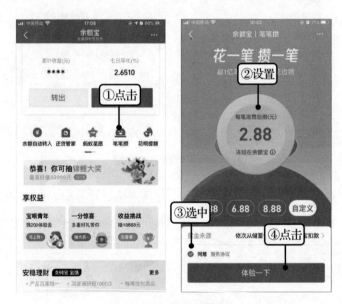

图6-5　开通笔笔攒功能

完成之后，根据页面提示输入支付密码即可。开通之后，用户每消费一笔就会自动攒入一笔零钱，攒入的钱会被冻结在余额宝中，进入笔笔攒即可查看到已攒资金和攒钱明细，如图6-6所示。

图 6-6　查看攒钱明细

通过笔笔攒存入余额宝的钱会被冻结，不用于支付或取现，但可以随时解冻。解冻被冻结资金非常简单，点击页面上方的"解冻"按钮，输入金额和密码即可。

总的来看，笔笔攒是一项帮助年轻人攒钱的业务，能够让人在不知不觉的消费过程中，完成储蓄积累，积少成多。

No.068 工资理财，发工资日就是存钱时

很多人总是抱怨工资存不起来，不知道工资去了哪里。此时，可以试试余额宝中的工资理财功能。工资理财是根据用户的设置，定时、定额地将资金转入余额宝中的一种储蓄方式。工资理财可以让人养成强制储蓄的习惯，通过设定的每月固定转入资金额，实现每月定存的目的。图 6-7 所示为余额宝工资转入业务。

图 6-7 开通工资转入

总的来说，工资理财功能为忙碌的上班族提供了一种便捷的懒人式理财方式，用户只要在使用之初设置即可。其次，每月固定扣款的形式，将储蓄的日期设置为发工资的日子，可以让用户养成强制性储蓄的习惯，为用户积累财富。再次，自定义式的储蓄额度，方便用户根据自己的工资情况自行设置，没有门槛，小钱也可以理财。

No. 069 闲钱多赚，让闲钱享受稳健收益

闲钱多赚是余额宝中的一款定期理财产品，特点在于稳健。投入资金后，会有一定的期限限制，到期之前不能赎回，但收益会比余额宝更高一些，且选择限制期限越长，收益越高。

进入"余额宝钱管家"页面，点击下方的"闲钱多赚"按钮，进入"闲钱多赚"页面。在页面中输入投资金额（1 000元起投），设置稳放时间，

查看协议无误后点击"同意协议并买入"按钮，如图 6-8 所示。随后根据页面提示，输入支付密码，即可完成闲钱多赚的投资。

图 6-8　买入闲钱多赚

闲钱多赚这款理财产品的定位是养老保障管理产品，即它的发行方是保险公司，所以从理财的安全性来看，安全性比较强，属于稳健型、低风险的理财产品。

余额宝和闲钱多赚，可以分别理解为活期存款和定期存款，所以闲钱多赚中的收益会高于余额宝。但是闲钱多赚要求到期才能退出，也就失去了资金的灵活性。因此，如果用户的余额宝中经常会有部分限制的小额资金，那么可以考虑闲钱多赚，以获得更高的收益。

No.070 蚂蚁星愿，有目标更清晰

日常生活中很多人觉得存钱很难，这是因为缺乏明确的目标，如果能

够为自己制定一个清晰的储蓄目标，就可以在一定程度上约束自己的消费行为，从而促成自己的储蓄目标。

蚂蚁星愿就是鉴于这样的目的诞生的，它可以将日常中的零散小钱聚集起来，为"星愿"买单，帮助用户实现"星愿"。蚂蚁星愿是一个为"星愿"攒钱的产品，用户可以在蚂蚁星愿里许下自己的"星愿"，许下并完成"星愿"以后，就可以命名星星作为纪念。星星的编号、坐标、所属星座等天文数据由中国科学院国家天文台权威提供。当然，只是在支付宝的生态圈内命名这颗星星。

实际上，用户在蚂蚁星愿中存钱也是购买货币基金，目前支持的货币基金有2只，分别是南方天天利A和富国富钱包，一旦选定后不能再更换基金。和余额宝类似，唯一的区别就是为自己设定了一个目标，增强自己的存钱意识。当用户已攒的金额（包含持有收益）大于或者等于目标金额时，即为实现"星愿"。蚂蚁星愿操作也非常便捷，进入余额宝页面，点击页面中的"蚂蚁星愿"按钮。进入蚂蚁星愿页面，点击"许个星愿"按钮，如图6-9所示。

图6-9 许个星愿

进入许个星愿页面，页面自动推荐了小星愿，如果不喜欢，可以点击下方的"换一换"按钮，选择新的星愿。还可以点击"自定义"按钮，自已设置"星愿"内容。进入设置页面，在页面中的"我的星愿"栏中输入有关内容，并设置星愿目标金额、攒钱金额和扣款时间，完成后在页面下方点击"同意并许愿"按钮，即可开通蚂蚁星愿，如图 6-10 所示。

图 6-10　编辑星愿内容

蚂蚁星愿中存入的钱会冻结在余额宝中享受收益，可以在蚂蚁星愿页面中查看攒钱的详细情况，点击页面中的■按钮即查看详情，如图 6-11 所示。

图 6-11　查看星愿积攒详情

　　需要注意的是，蚂蚁星愿中攒下的钱只有在"星愿"达成，或者"星愿"终止的情况下才能取出。完成"星愿"后，选择任意历史"星愿"，进入"星愿详情"页面，点击已攒金额便能取出已攒资金，只需根据页面提示操作即可。

　　用户也可以选择终止"星愿"，提前取出资金。在"星愿详情"页面，点击"管理星愿"按钮，在弹出的菜单中选择"终止星愿"选项即可。蚂蚁星愿终止的话，T 日申请取出，资金将在 T+1 日晚上 24 点前回到余额宝中。

第 **7** 章

| 信 |

你的信用非常值钱

你的信用可以兑换成为价值吗？答案是肯定的。共享经济兴起，如共享单车、共享充电宝和共享雨伞等都是依靠征信系统建立的。此外，借贷、租房和酒店住宿等也离不开信用因素。一个诚信的人，凭借自己的信用，可以享受更多丰富便捷的服务。

7.1　日常生活也能花信用

信用消费看起来离我们很远，只要不办理信用卡，信用使用的情况就很少。但实际上并不是如此，随着信用经济的普及，信用消费也逐渐渗透到了我们日常生活的衣食住行当中，并且逐渐成为我们生活中的一部分，而合理地使用自己的信用，可以使我们的生活更便捷。

No. 071 信用入住酒店

信用住酒店是阿里旅行推出的体验类产品，只要信用良好的用户都能够在飞猪酒店中预定"信用住"酒店，享受"零押金、无担保、急速退房"的服务。也就是说，顾客入住酒店不用交付担保金，酒店退房时免除查房手续，等离开后支付宝平台自动进行酒店费用结账。

使用信用住服务的客户需要满足以下几个条件：

①客户的芝麻信用分应在 600 分以上，且无不良记录。

② 1 个订单只能预定 1 个房型，且每张订单最长只能预定 9 个间夜。

③订单只支持提前退房，不支持修改预定时间，不支持提前入住，不支持续住，不支持订单变更（例如房型升级）。

④房间内的杂费消费最高限额 300 元，如超出 300 元需通过其他方式支付。

⑤信用住的房费额度会参考蚂蚁花呗额度和芝麻信用分数，给每位客户计算出一个信用住的授信额度。

⑥当客人的信用住应还金额大于可用金额时，支付宝在客人离店结账时进行超限额入账处理，以保证在额度不足的情况下仍能够顺利入住。该超限部分不额外计收任何费用，客人只要保证在每月的最后还款日按时还款即可。

信用住操作非常简单，进入飞猪酒店，在首页中设置好入住的地点和时间，点击"搜索酒店"按钮。进入酒店列表页面，酒店图片左上角附有"信用住"标识的就可以使用信用入住，选择其中一家酒店，如图 7-1 所示。

图 7-1 选择酒店

进入酒店详情页面，查看酒店房型，选择适合的房型，点击"订"按钮。进入入住信息页面，在页面中填写入住人信息，确认下方的"信用住·先住后付"信息，然后点击"普通预定"或"粉丝预定"按钮，输入支付密码即可，如图 7-2 所示。

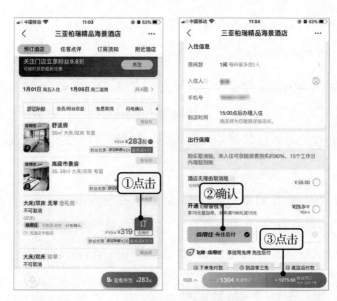

图 7-2　预订房间

可以看到，信用住省去了一系列酒店入住的烦琐手续，可以让人享受到先住后付的便捷。

No. 072 充电宝充电免押金

随着移动支付的快速发展，手机已经成为我们日常生活中一项必不可少的物品。但是，出门在外难免会遇到手机电量不足，没地方充电的情况，此时共享充电宝就能帮助我们解决难题，实现快速充电。

怪兽充电就是这样一款共享充电宝，它的计费方式是以小时计算的，平均每小时 2 元，若是想要租借怪兽充电的充电宝，需要通过以下几个步骤：

①首先客户需要找到怪兽充电机，打开手机微信或支付宝的扫一扫，识别二维码后，选择支付押金或者申请免押金租借后即可租借充电宝。

②成功取出充电宝后，可立即充电。

③充电完成后，找到怪兽充电的柜机按下按键归还，只需将充电宝的铜面插入到闪烁指示灯的卡槽即可。

④打开手机支付相应的租金即可归还充电宝，用户既可以在本地任意怪兽充电柜机归还，也可以异地归还。

图 7-3 所示为怪兽充电宝。

图 7-3　怪兽充电宝

根据上面介绍的充电流程可以发现，扫描二维码解锁充电宝时有押金要求，怪兽充电宝押金为 99 元，但也可以免押金租借，其中的差别在于——信用积分。

怪兽充电宝联合支付宝芝麻信用，若用户分数达到 650 分及以上时就可以享受免押金充电的服务。若用户没有开通芝麻信用，或是 650 分以下则需要缴纳 99 元的押金，然后才能解锁使用充电宝。在完成充电后，支付相应的租赁费用，再向平台提出取回押金申请即可。而免押金用户，充电完成后在页面直接支付租赁费用即可。

No. 073 支付宝信用服务，实惠多多

支付宝有一套自发的信用体系，提供各种信用服务，常见的有芝麻 GO、信用生活等，不同的信用服务能让用户获得不同的支付福利。

（1）芝麻 GO

芝麻 GO 通过信用担保来解决消费中广泛存在的预付费信任难题，让商家和用户都有安全保障，让消费者享受更多的优惠。简单来说，芝麻 GO 其实就是让用户凭借芝麻信用和花呗先享受店家优惠的权益卡。

芝麻 GO 有两种玩法，具体如下：

◆ 玩法一：参与任务，优惠免费用

用户参与商家任务获得优惠免费用，如果没有完成任务则需要退回已享的优惠。这些任务比较简单，以滴滴商家给出的限时任务为例，滴滴出行芝麻 GO 的任务是一周以内使用 4 次就算成功，每次可以减 2 元，一共优惠 8 元，对于经常打车的人来说，该任务并不难，相当于自动优惠了 8 元。但是如果用户在 7 天内用车不满 4 次就需要退回已享受到的优惠，如图 7-4 所示。

图 7-4　滴滴芝麻 GO

◆ 玩法二：先享受权益，后付卡费

玩法二是针对付费会员，凭芝麻 GO 到期再结算卡费。如果已经享受的优惠大于等于卡费，就支付卡费；若已享受优惠不足会员费，到期仅扣已享受到的优惠；如果没有使用，则不付费。

理财实例 良品铺子芝麻 GO 享优惠

打开支付宝进入芝麻 GO 页面，在页面中找到"良品铺子·芝麻GO"，通过该业务可以享受 23 元的零食优惠券，点击"去看看"超链接。进入优惠详情页面，可以看到优惠券由一张满 68 元减 8 元和 3 张满 38 元减 5 元的满减券组成。

该芝麻 GO 卡的卡费为 5.9 元，即如果用户 7 天内只使用了一张 5 元优惠券，优惠额度小于 5.9 元，则不扣除卡费；如果用户 7 天内使用的优惠券大于 5.9 元，即享受了 10 元、15 元、18 元或是 23 元的优惠券，则仅仅扣除 5.9 元的卡费。确认无误后点击下方的"同意协议，立即开通"按钮，如图 7-5 所示。随后根据页面提示输入密码即可。

图 7-5　开通良品铺子·芝麻 GO

注意，开通芝麻 GO 时，系统会审核用户的芝麻信用，如果信用分数过低，或有不良记录则不能开通。

简单来看，芝麻 GO 是一种"先享后付"+"履行承诺"领取优惠券的全新优惠模式。从用户消费的角度来看，无须预付会员费，就能提前享受商家提供的会员优惠，到期结算，有效避免了预付费带来的风险。

（2）信用生活

日常生活中我们还可能遇到急需某件物品，但购买后却发现使用次数不多，放在家里大多数情况属于闲置，且占据空间。此时，我们更多的是选择租赁，使用完不需要时，支付几天的租赁费用退回即可，既省心又实惠。

不过，我们在实体店租赁时不得不面临大额押金，商家担心使用不当损害商品，对商品造成损失，因而需要用户支付大额押金，如果信用良好就可以很好地规避这一问题。

支付宝信用生活中的租物功能可以帮助芝麻信用的高分用户实现免押金租赁，且租赁的物品齐全，包括手机、数码、服饰箱包、母婴用品等，可以满足用户各个场景的需要。

理财实例 **免押金租赁婚纱**

李小姐婚礼在即，考虑到婚纱只在结婚当天穿一次，平常不会穿，以后也没有穿的机会，如果直接购买不划算，且花费较高，所以考虑租赁。李小姐逛了多家婚纱店之后发现，婚纱租赁的价格不低，一件主婚纱价格在 800 元 / 天左右，还需要缴纳 2 000 元 / 件的押金。这样算下来主婚纱，加上敬酒服，哪怕是租赁也要一笔较大的开销。

在朋友的介绍下李小姐想到了信用租赁。打开支付宝，进入 / 信用生活 / 租物页面，点击文本搜索框，输入"婚纱"文本，即会弹出相关的关联词，选择"高端婚纱"选项，如图 7-6 所示。

图 7-6　搜索婚纱

进入婚纱列表，选择喜欢的婚纱款式，进入婚纱详情页面，仔细查看婚纱的相关介绍，确认无误后点击下方"立即租赁"按钮，如图 7-7 所示。

图 7-7　点击"立即租赁"按钮

在页面下方设置租赁日期（最少租期 7 天，不包括邮寄的时间，到货签收后开始计时），点击"确定"按钮。进入订单确认页面，设置收货人地址，核对租金金额，查看租赁协议，确认无误后选中协议前的复选框，点击"提交订单"按钮，如图7-8所示。

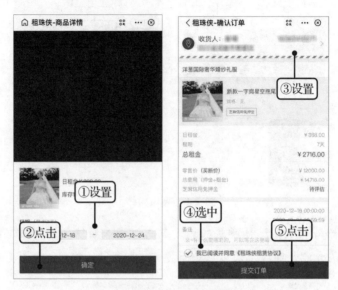

图 7-8　确定租赁信息

提交之后需要实名认证，平台审核评估芝麻信用，计算免押金额度。芝麻信用只有达到600分，才能开始计算免押金额度，信用良好的用户全部免押金，其次免部分押金，不免押金则需要用户全额支付押金。

由于李小姐的芝麻信用良好，分数在750分以上，免除了全部押金，这样算下来确实比实体店更划算，且同样支持实体店体验。因此，李小姐果断选择了信用租赁婚纱。

No.074 芝麻信用先享后付

先享后付是芝麻信用为信用良好的用户提供的一项先享受后付款的服务。用户在页面中选购商品，0元下单，商户将商品提供给用户使用，用户在规定的时间内免费试用。规定时间到了之后，如果用户满意该商品，就付款给商户；如果用户不满意该商品，只要商品没有损坏，不影响二次销售，用户可以退回商品，不用付款。

打开芝麻信用，点击"购物"按钮，进入"先用后付"首页，如图 7-9 所示。

图 7-9 进入"先用后付"页面

从上图可以看到，页面中的商品都有"0元下单"标识，用户选中商品即可享受 0 元下单优先享用的服务。

但是该项服务需要系统对用户的信用进行综合评价，主要是芝麻信用分要求在 750 分以上，无不良记录。

由此看来，芝麻信用已经越来越注重用户的"实用优惠"了，它将用户的信用转变成了生活中实实在在的优惠福利，只要用户拥有好的信用就能够享受到各种各样的便捷服务。

7.2 挥好信用卡这把双刃剑

提及信用，就不得不提信用卡。信用卡是一种提前透支的卡，根据每个人的征信、资质以及还款能力的不同，透支额度也不同，能够帮助持卡人缓解资金压力。但是如果错误使用或过度使用，便会越陷越深，严重时还可能引发财务危机。因此，我们要挥好信用卡这把双刃剑，让它为我们创造更多的财富，而非在负债的困境中弥足深陷。

No.075 掌握信用卡中的专业名词

使用信用卡之前，用户需要提前掌握会涉及的专业名词，并明白这些词的意义，才能避免因模棱两可而陷入信用卡的使用误区中的情况。使用信用卡涉及的专业名词如表 7-1 所示。

表 7-1 信用卡的专业名词

名　　词	阐　　述
持卡人	很多人将持卡人误认为谁拿信用卡使用，谁就是持卡人。但其实不是，信用卡的持卡人指向发卡机构申请信用卡，并获得信用卡的单位或个人，所以单位信用卡持卡人应由单位指定，个人信用卡的持卡人应包括主卡持卡人和副卡持卡人
信用额度	信用额度是指发卡机构根据申请人的资信状况、收入状况以及工作稳定性等为其核定的，在卡片有效期内可循环使用的最高授信限额。也就是持卡人使用该信用卡可累计消费和取现的总额度
可用额度	可用额度是指信用卡当前可以使用的透支额度。随着欠款的增加，可用额度相应减少，但每次还款后，可用额度相应增加。计算公式为：可用额度 = 信用额度 − 未还欠款 − 未入账金额 − 费用
取现额度	取现额度是指持卡人通过该信用卡可取得的现金总额。通常现金额度为信用额度的 30% ~ 50%，但也有少数信用卡的取现额度可达到 100%

续表

名　　词	阐　　述
账单日	账单日是指发卡银行每月会在固定日期对信用卡账户当期发生的各项交易、费用等进行汇总结算，并结计利息，计算用户当期总欠款金额和最小还款额，并发送对账单，确定持卡人本期应当还款金额的日期
到期还款日	到期还款日是指信用卡发卡机构要求持卡人归还应付款项的最后日期。也就是说发卡银行出了账单之后，用户应该在到期还款日之前把之前所消费的费用全部还清
免息还款日	免息还款日是指持卡人除现金和转账结算外，其他透支交易（所有消费支出）从银行记账日始至该期账单还款日止的这段可享受免息待遇的时间段
账单金额	账单金额也称为本期应还款额，是指截止到当前账单日，信用卡持卡人累计已经发卡机构记账但未偿还的交易款项，以及利息、费用等的总和
最低还款额	最低还款额是指信用卡发卡机构在账单日计算持卡人本期账单金额时同步计算出的，持卡人在本期到期还款日之前应偿还的最少金额。在到期还款日之前，偿还金额达到最低还款额时，持卡人的信用记录不受影响，但未偿还部分需计算利息
超限额	超限额是指信用卡持卡人超额使用，即超出发卡机构为其核定的账户信用额度，且在账户超限当日（即发卡机构对该笔金额的记账日）未偿还超额部分，发卡机构将向持卡人收取超额费用
溢缴款	溢缴款是指持卡人向信用卡账户中存入的超过已经使用金额的款额。当信用卡账户存在溢缴款时，信用卡的可用余额将大于信用额度。在生成账单时，如果账户中存在溢缴款，则本期应还款将为负数
滞纳金	信用卡滞纳金指的是持卡人在信用卡到期还款日实际还款额低于最低还款额的情况下，最低还款额未还部分需要额外支付的金额。根据了解，滞纳金的比例由中国人民银行统一规定，为最低还款额未还部分的 5%

No. 076 根据自己的财务状况办理信用卡

常常听到有人抱怨自己的信用卡额度太低了，想要办理高额度的信用卡，甚至不惜办理多张信用卡来增加自己的额度。显然这是不可取的，通过增加信用卡的数量来提升额度存在下列所述的多项危害：

①信用卡需要缴纳年费，多张信用卡就意味着要缴纳多份年费，增加自己的开销。

②多张信用卡不好管理，因为每张信用卡的还款日期不同，额度不同，为避免发生逾期，影响自己的信用，就不得不牢记每张卡的还款日，增加自己的负担。另外，每张卡设置不同的密码，难以管理。如果密码都相同又容易增大信用卡被盗刷的风险。

③信用卡数量过多在申请银行贷款时，额度会降低。因为信用卡过多，再去申请信用卡或银行贷款时，银行会觉得你的财务有危机，贷款风险较高。所以为了降低银行的贷款风险，会适当降低贷款额度。

④过高的信用额度可能会促使用户产生过度消费，或者不理性消费的情况。

其实，信用卡的额度并非越高越好，还是要根据自己的需求，以及实际的财务状况来办理，不要刻意追求高额度。通常银行给出的额度与下列三个因素有关：

◆ 收入状况

银行给予额度时首先考察的是用户的经济能力与收入状况。为了控制银行的风险，银行给予的信用卡额度通常与你的收入状况相符，一般不会超过收入的 5 倍。

◆ 经济实力

经济实力是指申请人的财务状况，如果申请人有自己的房产、车子，那么这些财产都是申请额度时的加分项，即便房子或车子处于还贷状况，只要正常还款就可以。房子或车子从一定程度上可以看出申请人的经济实力。

◆　过往消费记录

信用卡的额度提升还与过往的消费有关，如果持卡人过往的消费较低，甚至最高消费额离信用卡额度还有一定距离，说明持卡人的信用额度足够使用，不用提额；如果持卡人过去经常发生大额消费，且每次都全款还上，则说明持卡人的消费额度较高，经济实力较好，银行在审批额度时会做部分调整。

因此，可以看出，银行给予的信用卡额度通常在正常使用的范畴内，一般人根本不需要高额度的信用卡，日常生活中也很难会遇到经常性的大额支出。即便真的遇到需要大额支出的情况时，可以致电客服要求上调额度，一般都会批准。因为每张信用卡除了固定额度之外，通常还有临时额度，所以遇到需要大额消费的情况时，可以致电客服。

No.077　银行的永久提额与临时提额

在前面一节的内容中，我们提到了临时提额，这里我们就来详细介绍什么是临时提额，它与永久提额有什么区别。

信用卡提额分为永久提额和临时提额两种，具体如下：

①永久提额为长期有效的额度，提升部分既可用于消费，也可用于提现，没有期限限制，后期还能继续提额。

②临时提额是指根据持卡人的消费习惯和信用记录，如果该持卡人没有不良的信用记录和逾期情况，银行可以临时提高其信用额度的。通常有效期为 30 ~ 60 天，额度提升部分只限用于消费，不能用于提现，可满足短期内的消费需求。在过了临时提高额度的一定期限后，将会调回信用卡原本的固定额度。

永久提额与临时提额的方法也不同，永久提额相比临时提额难度更高，下面来分别介绍：

（1）永久提额的方法

永久提额主要是从信用卡使用方面入手，正确掌握信用卡的使用方法即可，具体包括下列几项。

◆ 消费时多使用信用卡

在日常的生活消费中应尽量地多刷信用卡，刷卡的次数越多，金额越高，平均每月 10 笔或 20 笔以上，说明持卡人的信用卡使用比较频繁，且忠诚度较高。通常半年内的消费总额需达到额度的 30％ 以上，但是消费需要与自己的收入相匹配，否则容易陷入财务危机。银行信用卡中心会根据持卡人信用卡的消费情况和还款记录来进行额度调整。

◆ 按时足额还款

持卡人使用信用卡时应当保证每月能够按时足额还款，一旦出现逾期，不仅需要缴纳高额的滞纳金，还会产生不良信用记录，严重时还会影响之后信用卡的使用。

如果确实不能及时还款，需要提前致电银行客服人员，向其说明具体原因，然后申请延期几天，大部分银行都可以延期 3 天左右。

◆ 主动申请提额

持卡人可以主动向银行方申请提额，通常持卡人在使用信用卡半年后，记录良好就可以主动申请调高信用卡的额度。银行信用卡中心会视情况给用户提额。

◆ 多类型消费

持卡人在消费时应注重消费的类型，尽可能地多类型消费，包括超市、商场、餐饮、酒店以及娱乐场所等。这样多类型的场地消费可以说明持卡人在日常生活中使用信用卡比较频繁且全面，那么，持卡人被永久提额的可能性也就越大。

◆　信用卡取现

使用信用卡取现时，银行会收取相应的手续费。所以取现这种形式，能够对银行产生直接贡献。因此，在银行允许的范围内，一般鼓励持卡人多取现。所以如果持卡人取现时使用信用卡，则该信用卡被永久提额的可能性会更大。

（2）临时提额的方法

想要临时提额，持卡人直接拨打银行客服电话申请即可，通常临时额度可以上调 10%～50%，银行会审核持卡人平时的用卡情况和征信情况，然后决定是否上调该持卡人的临时额度。

因此，当持卡人有外出旅游计划、房屋装修计划以及大件物购买计划等时，可以致电要求临时调高信用额度。

No. 078 多种还款方式下怎么选

正常情况下，我们使用信用卡时全额付清当月账单可以享受免息，但如果遇到资金周转困难，不能全额付清时，面对分期付款与最低还款额两种还款方式，应该如何选择呢？

对此，首先我们要明白分期付款与最低还款额的费用情况，区别它们的利息高低，才能做出选择。

（1）分期付款

分期付款是指持卡人将某一笔消费或当期账单按照分期的方式归还给

银行。分期偿还时需要支付分期手续费用，不同的银行手续费率不同。

但是需要注意的是，因为持卡人不是一次性支付手续费和返还本金，而是以分期的方式支付，所以即便持卡人已经每月偿还了部分本金，但次月还是以全额本金计算的手续费。且分期期数越多，手续费用标准则越高。

理财实例 10 000 元分 12 期计算手续费

如果持卡人消费一笔 10 000 元账单，且该笔账单分为 12 期，月手续费率为 0.5%，则每月需还的本金加手续费为多少？

已知 10 000 元分为 12 期，则每月还款本金为：

10 000 ÷ 12=833.33（元）

已知手续费率为 0.5%，则每月需偿还的利息为：

10 000 × 0.5%=50（元）

该持卡人 12 期需要还款的总费用为：

（833.33+50）× 12=10 599.96（元）

利率计算如下：

599.96 ÷ 10000=5.999% ≈ 6%

根据计算结果来看，6% 的利率看起来似乎不高，但实际情况却不是这样，这里得到的利率并不是实际利率。首先，我们来了解一下表 7-2 所示的本金使用情况。

表 7-2　本金使用情况

期　　数	欠款余额（元）	还款本金（元）	利息（元）
1	9 166.67	833.33	50
2	8 333.34	833.33	50
3	7 500.01	833.33	50

续表

期　　数	欠款余额（元）	还款本金（元）	利息（元）
4	6 666.68	833.33	50
5	5 833.35	833.33	50
6	5 000.02	833.33	50
7	4 166.69	833.33	50
8	3 333.36	833.33	50
9	2 500.03	833.33	50
10	1 666.7	833.33	50
11	833.37	833.33	50
12	0	833.33	50

从表格内容可以看到，我们每月需要偿还的本金在减少，但利息却没有变化，还是以 10 000 元本金进行计算，所以在计算实际利率时使用的本金不能以 10 000 元进行计算。

实际利率的计算公式可以用下列公式来进行估算：

月手续费率是 a%，分 n 期还款，则年化利率大约是 $a \times 24 \times n \div (n+1)$%。

根据该公式，计算案例中的实际利率如下：

$0.5 \times 24 \times 12 \div (12+1) \times 100\% = 11.076\%$

通过案例计算可以看到，分期付款的利率并不低。如果持卡人想要知道分期付款的真实利率，不用精确计算，可以大概估算，一般情况下每月等额还款的实际年利率约为公布年利率的两倍。

（2）最低还款额

最低还款额是当持卡人还款存在一定经济压力时，可以选择的一种压力较小的还款方式，最低还款的额度为消费总额的 10%，余额按照一定的利息计算到下一个账单日就可以了。

需要注意的是，以最低还款额还款方式偿还账单，利息是按天计算的，并且利息包括两个部分，以账单还款日为分界，其具体计算公式如下：

利息1= 初始账单总额 × 利率 × 时间（刷卡当天到还最低还款额前一天的天数）

利息2= 剩余未还款部分金额 × 利率 × 时间（还最低还款额当天到下个账单日）

理财实例 10 000 元按最低还款方式计算利率

李小姐的信用卡账单日为每月 5 日，账单还款日为每月 23 日，在 3 月 5 日至 4 月 5 日之间，李小姐只在 3 月 30 日消费了一笔 10 000 元的账单。该账单以最低还款方式进行偿还，利率每天 0.05%，计算实际借款利率如下：

消费 10 000 元，在 4 月 23 日当天应立即偿还的最低额度为：

10 000×10%=1 000（元）

那么，在 5 月 5 日的对账单的循环利息为：

（1）李小姐的刷卡时间为 3 月 30 日，到最低还款日的前一天，即 4 月 22 日，期间的时间为 24 天，因此，

利息1= 初始账单总额 × 利率 × 时间 =10 000×0.05%×24=120（元）

（2）在 4 月 23 日当天偿还最低金额 1 000 元后，李小姐还剩 9 000 元款项未偿还，到下个账单日 5 月 5 日之间的时间为 13 天，因此，

利息2= 剩余未偿还部分 × 利率 × 时间 =9 000×0.05%×13=58.5（元）

利息 = 利息1+ 利息2=120+58.5=178.5（元）

即到下个账单日时，该笔账单需要偿还的总额为：

剩余未偿还部分 + 利息 =9 000+178.5=9 178.5（元）

如果这笔款项在下个账单日还未偿还清，继续以最低偿还方式偿还，那么这部分金额将进入循环利息的计算中。

由此可以看出，如果持卡人长期采取最低还款额的方式进行还款，欠款的时间越长，复利的时间也越长，还款的压力也就越大。

故此，如果持卡人在还款出现压力时，应选择分期还款利率更为划算。如果欠款的数额小，短期内就能还上，则最低还款额方式更合适。

7.3　用信用卡积分换礼物

信用卡积分是银行回馈信用卡用户的一种方式，只要我们能熟悉信用卡积分的一些使用规则，抓住各类积分活动，就能享受到银行的各类优惠活动，换取心仪的礼物。

No.079　信用卡积分的累计法

信用卡积分是指用信用卡进行消费，银行按照一定的规则给予积分，当积分达到一定数量时，用户可以拿积分来兑换银行可选范围内的礼品、飞行里程或参与其他优惠活动。因此，卡里的积分越高越好。那么信用卡积分是如何计算的呢？

持卡人只有了解了信用卡积分是如何得来的，才知道自己应该如何去累计积分。通常来看，信用卡积分的来源主要有下列 9 种：

◆ **消费积分**：消费积分是最常见的一种积分方式，即持卡人每使用信用卡消费一次就累计一次积分，具体的积分方式不同银行有不同的规则。以建设银行为例，客户使用龙卡信用卡微信消费，每消费人民币 1 元可累计 1 分综合积分。每位持卡人每月最高获赠 1 万积分。

◆ **生日积分**：通常银行会为持卡人赠送一个生日消费获得多倍积分的权益。简单来说，就是持卡人在生日当月或当天消费，可以积累到更多的积分。中国银行中所有信用卡卡种，持卡人生日当月2倍积分；工商银行星座卡金卡，持卡人生日当天消费10倍积分，上限5万分积分。

◆ **参与积分赠予活动**：很多银行都会在不同的时间推出一些积分赠送的优惠活动，积极参与这些活动可以得到更多的积分。例如中国银行经常推出微信、支付宝消费得10倍积分的活动。

◆ **特色信用卡特色积分**：一些银行会推出特色信用卡，这些信用卡的积分方式不同，例如很多银行会推出主题卡，包括航空卡、购物卡，持卡人结合信用卡的主题进行消费，可以得到翻倍的积分。

◆ **签到得积分**：部分银行有签到任务，持卡人按时签到就可以领取积分。

◆ **激活得积分**：有的银行为鼓励用户使用信用卡，会对激活信用卡的用户赠予信用卡积分。以中国银行信用卡为例，2020年4月7日～12月3日激活信用卡的用户可以获得3 000分积分。

◆ **推荐办卡得积分**：推荐办卡是众多积分获取方法中得分最多的一种方式，以招商银行为例，持卡人推荐一人成功办卡可获得1 500分积分。

◆ **参与游戏得积分**：许多银行都设置了积分小游戏，用户参与游戏就有机会获得相应的积分。

◆ **账单分期得积分**：用户将信用卡账单进行分期还款，也能获取积分，这是每家银行都会推广的一个方式，因为银行会收取相应的手续费，并且积分还不低。但是，记住不要为了积分而刻意分期，通过前面的计算可以看到，分期持卡人需要承担更高的利息费用。

通过上述介绍可以看到，虽然持卡人只要正常使用信用卡都能获得积分，但是如果持卡人能够借助这些方法巧妙地、灵活地，且聪明地去使用信用卡，就能获得更高的积分。

No. 080 信用卡积分的作用

前面我们介绍了信用卡积分非常有用，能够帮助持卡人享受各种各样的优惠活动。信用卡积分换取的活动类型非常多，可以迎合不同需要的持卡人，下面我们来分别看看。

（1）信用卡积分兑换商品

银行会推出使用信用卡积分兑换超值商品的活动，商品种类繁多，可以满足多种需求，图 7-10 所示为农业银行的部分积分兑换商品。

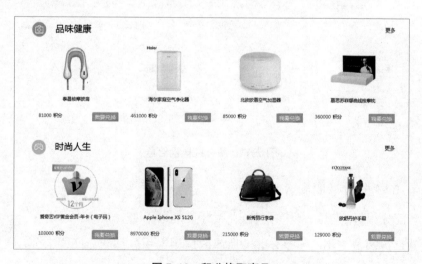

图 7-10 积分换取商品

（2）积分抵扣信用卡年费

信用卡都是有年费的，根据银行的不同，以及信用卡种类和级别的不同，年费也不相同。但是大部分银行的年费政策差别不大，一般标准信用卡普卡年费在100元左右，而金卡年费一般为200元或300元。单币卡年费较双币卡更低，附属卡年费一般对应主卡年费减半。

很多银行都有信用卡积分抵扣年费的政策，例如中信易卡小白金卡，首年480元年费不能免，第二年可以用6万积分抵扣年费。

（3）积分换取航空里程

除了部分银行与航空公司发行的各种联名信用卡外，各大银行的普通信用卡也可以用积分兑换航空里程。信用卡积分兑换的航空里程以公里为单位，1航空里程指1公里。对于经常乘坐飞机的人来说，积分换里程非常便捷。图7-11所示为农业银行不同卡的积分换里程信息。

图7-11　积分换里程信息

（4）积分换取刷卡金

部分银行的信用卡积分可以兑换相应的刷卡金，持卡人可以在合作商户处直接消费使用。但是，并非所有的信用卡积分都能兑换刷卡金，可以说大部分信用卡都不能用积分兑换刷卡金，只有小部分卡种可以。

例如，广发淘宝联名信用卡是广发银行与支付宝、淘宝网联合发行的一张信用卡，网购有积分，刷卡消费直接累计集分宝，每消费5元累计1个集分宝，100个集分宝价值1元，但不累计广发积分。

（5）积分兑换优惠券

信用卡积分可以兑换各类商家的优惠券，这些优惠券可以直接用于消费。不同的银行优惠券兑换的商家不同，以中国银行为例，优惠券如图 7-12 所示。

图 7-12　积分兑换优惠券

综上所述可以看到，信用卡积分有重大的价值，可以享受消费购物、坐飞机、喝咖啡、看电影等优惠服务。但是持卡人需要注意的是积分的兑换期限，大部分的信用卡积分都有兑换期限，如果积分过期就损失了其应有的价值。

No.081 快速提高信用卡积分的妙招

既然信用卡积分有这么多的优惠和福利，那么我们怎么才能够快速提高自己的信用卡积分呢？

◆ 选择银行

不同的银行积分积累方式不同，例如大部分银行消费积分中 1 元人民币积累 1 分，但招商银行消费 20 元人民币积累 1 分。所以为了使积分能够最大限度地被利用，我们在办理信用卡之初就要选择在信用卡积分计算上更高的银行办理。其次，还要选择积分兑换期限时间长的银行，这样更利于积分的兑换，例如招商银行积分永久有效，这样可以避免积分因过期失效而造成的浪费。

◆ 化零为整

持卡人应充分了解信用卡的积分规则，化零为整，集中消费，以便提高积分。以民生银行为例，民生银行单笔超过 5 000 元，可得 30 000 积分。

◆ 办理附属卡

附属卡的积分和主卡积分是算在一起的，所以如果遇到节假日积分活动时使用不同的卡消费，可以得到不同的积分回馈，将这些积分累积到一起，可以快速提高积分。

◆ 不要刷爆信用卡

有些人错误地认为，既然消费可以积分，那么每月消费时大量使用信用卡，甚至刷爆信用卡，必然可以积累更多的分。但事实并非如此，一般每月消费信用卡总额度的 75% 最有利于积分的增长。

此外，前面介绍的生日月消费、参加积分活动以及积分游戏等也都可以帮助持卡人达到快速积累信用积分的目的。

需要注意的是，积分只是作为信用卡消费后的额外馈赠，我们可以最大限度地去合理利用，但不能为了积分而过度消费。

7.4 信用卡刷卡享福利

信用卡消费除了获得积分之外，在日常生活中的很多消费场景下都能通过其享受福利，持卡人知晓这些优惠活动能够享受到更多切实的福利，也可节省一些不必要的开销。

No. 082 刷卡享满减优惠

部分银行信用卡与线下商店合作开展各类满减促销活动，持卡人在活动期间到线下商店购物刷卡消费就能享受优惠。其中，比较常见的就是满减优惠，即持卡人消费满足一定额度后就可以享受相应额度的减免优惠。以中国银行为例，中国银行信用卡与言几又商店合作推出"满100元减30元"活动，并与上千家饭店合作推出"满200减80元"活动，如图7-13所示。

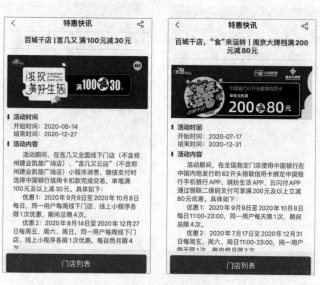

图 7-13 刷卡满减活动

满减活动是大部分持卡人比较喜欢的一种优惠方式，尤其是商场、超市或门店的满减活动，银行为了黏合持卡人，保持高频率的信用卡使用次数，也会积极与各类商店合作，让持卡人购买商品时可以享受更多的优惠。

No. 083 刷卡享返现优惠

信用卡返现是指持卡人用信用卡消费达到活动条件时，银行会返还部分现金给信用卡持卡人的活动。目前的信用卡返现活动很多是针对境外消费用户，只要持卡人在境外消费使用信用卡达到规定的条件（通常为消费金额满足一定数额），银行将返回部分现金。

部分银行根据消费的渠道不同，设置的返现优惠也不同，主要分为线上优惠和线下优惠，如图7-14所示。

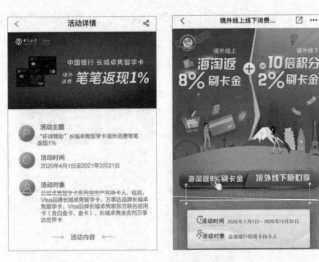

图 7-14　刷卡返现

另外，这类的返现活动都会设置最高返现金额，以中国银行的笔笔返现1%活动为例，活动规定每位持卡人每个自然月境外线下渠道最高返现

50 元，即无论你当月消费多少笔，银行最高返现金额为 50 元。

对于有境外网购习惯的持卡人，或境外留学生，以及去境外旅游、出差人士来说，这类返现活动的实用性和优惠性较强，比较适合。

No. 084 刷卡利用时机享优惠

除了前面介绍的满减活动和返现活动之外，部分银行还会在特定的时间段内推出信用卡优惠活动，持卡人借助这些时机进行刷卡消费能够享受更高力度的优惠。

以交通银行为例，交通银行信用卡有一个"最红星期五"活动专区，为提倡周末欢聚文化，交通银行在每周五集中推出了包含生活各个领域的优惠活动，让持卡人在消费的同时，能够享受由交通银行信用卡与商户联合提供的优惠。

交通银行信用卡设置了"最红专区"，其中的优惠主要包括加油、超市、便利店、餐饮、外卖和 5 积分 6 个部分，如图 7-15 所示。

图 7-15 最红专区

在"最红专区"中，星期五加油可以享受秒减 5% 的优惠；超市购物可享受秒减 5% 的优惠；便利店消费可享受秒减 50% 的优惠；在指定餐饮店消费可享受最高 5 折的优惠；下单点外卖则有机会领取 9 元红包；在积分活动中还可以用 5 积分换取礼物。

通过上述介绍的优惠活动内容来看，"最红星期五"的活动力度较大，且覆盖面较广，包含到了日常生活中的多个方面。因此，对于一些非及时性的商品，可以将其聚集到星期五进行统一购买，抓住刷卡的时机持卡人则可以享受到更多的优惠便利。

第8章

投

懂得透过投资赚取收益

日常生活理财并非一味省钱、存钱，我们还要试着做些投资，参与一些投资活动，赚取投资收益，让自己的资金增值。这就要求每一位理财人士都需掌握相关的投资理财知识，从而找到适合自己的投资渠道。

8.1 债券投资，稳健投资者的偏爱

债券是政府、金融机构、工商企业等机构直接向社会借债筹措资金时，向投资者发行的，承诺按一定利率支付利息并按约定条件偿还本金的债权债务凭证。

债券投资最大的特点在于其收益的高稳定性、低风险性。首先债券具有固定的利率，与企业实际经营的绩效结果没有直接联系，收益比较稳定，风险较小。另外，即便在企业破产的时候，债券持有者享有优先于股票持有者对企业剩余财产的索取权，这在很大程度上对债券投资者的权益进行了保障。因而受到了广泛稳健投资者的青睐。

No.085 国债投资最得老年人青睐

虽然债券本身是种风险较低的投资工具，但因为债券的发行主体不同，所以各类债券的风险程度并不相同。在各类型的债券中，风险从小到大依次为：国家债券<地方政府债券<金融债券<公司债券。

可以看到，国家债券是所有债券类型中风险最低的一种，它是由国家发行的债券，是政府为筹集财政资金而发行的一种政府债券，是政府向投资者出具的、承诺在一定时期支付利息和到期偿还本金的债权债务凭证。由于国债的发行主体是国家，所以它具有最高的信用度，被公认为是最安全的投资工具。因此，国债受到低风险和保守投资爱好者的喜欢，其中尤其又以老年人居多。

如今市面上比较常见的国债有三种类型：记账式国债、凭证式储蓄国债和电子式储蓄国债。下面来依次进行具体介绍：

（1）记账式国债

记账式国债是指通过无纸化方式发行，以电脑记账方式记录债权，并可以上市交易的债券。债券投资中，大部分投资者最为担心的就是流动性和期限。

然而记账式国债能够上市交易的这一特点很好地规避了这一问题，交易更加灵活。投资者既可以持有到期获得债券的收益，也可以中途买卖赚取差价。但需要注意，中途交易如果差价收益过低，投资者也可能会损失利息甚至是本金。

除此之外，认购记账式国债还免征利息税。根据国家相关规定，投资者认购国债利息免税，所以记账式国债的投资者不仅能够享受利息收益，同时还能免缴利息税，更划算。

（2）凭证式储蓄国债

凭证式储蓄国债是政府为筹集国家建设资金而面向社会公众发行的一种国家债券。它是以国债收款凭单的形式来作为债权证明，可以记名和挂失，但是不能上市流通交易，有固定利率和年限，到期一次性提取本金和利息，并免交利息税。

但如果投资者提前赎回则不能享受同期限固定利率。当投资者提前兑取时，除偿还本金外，利息则按照投资者持有的天数及相应的利率计算，此外，还需要按照本金的 0.1% 收取手续费用。

由此可以看出，凭证式储蓄国债相比记账式国债来说，受到持有时间的限制，流动性更低，不灵活。

（3）电子式储蓄国债

电子式储蓄国债是财政部面向境内中国公民发行的，以电子方式记录债权的人民币债券。与凭证式储蓄国债相比，电子式储蓄国债有专门的计算机系统用于记录和管理投资人的债权，免去了投资者保管纸质债权凭证的麻烦，债权查询方便。电子式储蓄国债按年付息，存续期间利息收入可用于日常开支或再投资。

电子式储蓄国债到期后，承办银行自动将投资者应收的本金和利息转入其资金账户，且电子式储蓄国债利息同样免征所得税。电子储蓄式国债与凭证式储蓄国债相同，对持有时间有限制，且不可上市买卖，流动性较差。当投资者提前兑取时需要收取手续费用，且利率也会降低。

总的看来，国债的期限时间较长，流动性不强，更适合3～5年内对资金流动要求不高，仅追求保本收益且风险承受能力较低的投资者。

No. 086 可转换债券低买高卖赚差价

可转换债券是债券投资中不可不提的一种特殊的债券品种。可转换债券是指债券投资者可以按照发行约定的价格将债券转换成公司普通股票的债券。如果投资者不想转换，可以继续持有债券，直到偿还期满收到本金和利息，或者在流通市场出售；如果投资者看好公司股票的增值潜力，可以行使转换权，按照预定转换价格将债券转换成股票。所以说，可转换债券既具债性，又具股性，具体如下：

◆ **可转换债券具有的债性**：可转换债券同其他债券一样，也约定到期利率和期限，投资者持有到期可一次性收回本金和利息。所以从本质上看，可转换债券仍然是债券。

◆ **可转换债券的股性：** 当可转换债券转换成股票之后，债券持有人的身份由债权人转换成公司股东，可以享受企业的股票正常买卖，也可以参与股东红利分配。

◆ **可转换债券的可转换性：** 可转换性是可转换债券的重要标志，债券持有人可以按约定的条件将债券转换成股票。转股权是投资者享有的、一般债券所没有的选择权。可转换债券在发行时就明确约定，债券持有人可按照发行时约定的价格将债券转换成公司的普通股票。如果债券持有人不想转换，则可以继续持有债券，直到偿还期满时收取本金和利息，或者在流通市场出售变现。

从上述特点来看，可以理解为当可转换债券的债券价值大于股票价值时，投资者可以持有可转换债券到期；当可转换债券的股票价值大于债券价值时，投资者可以将可转换债券转为股票。

理财实例 **可转换债券的转换分析**

投资者买进了某上市公司发行的一款可转换债券，票面价格为 100 元，购买了 100 张，按照面值发售，合计 10 000 元。投资者持债半年时间后将债券转换成公司股票。

转股价格在发行时就已经确定为 10 元，投资者转股之后每张可转债可转 10 股（100÷10=10），10 000 元合计可转 1 000 股股票（10×100=1 000）。

此时投资者手中持股 1 000 股，如果股市行情处于牛市，股价大涨，从 10 元上涨至 15 元，那么投资者手中的可转换债券价值变为 15 000 元（1 000×15=15 000），理论上投资者手中 100 元一张的可转换债券价值提升为 150 元一张，可以得到 5 000 元的收益。

但如果股市处于熊市行情，股价跌至 5 元，那么投资者手中的可转换债券以转股价 10 元进行转换，合计可转 1 000 股股票（10×100=1000），此时可转换债券价值变为 5 000 元（1 000×5=5 000），直接缩水一半。这个时候投资者转换成股票必然资金受损，所以可选择继续持有可转债，不转股，保留 100 元的面值，等债券到期的时候拿回自己的本金和利息。

案例列举的即是当股票价值大于债券价值时，投资者可以转换成股票，享受股价上涨收益；当股价处于熊市，股价大跌，股票价值小于债券价值时，投资者可以持有到期享受债券利息收益。

可转换债券是一种比较复杂的债券，我们在投资之前要清楚关于可转换债券的几个关键要素，如表 8-1 所示。

表 8-1　可转换债券的要素

要　　素	阐　　述
有效期	可转换债券的有效期与其他债券相同，指的是债券从发行之日起至偿清本息之日的存续期间
转换期限	转换期限指的是发行机构规定的可转换债券可以转换成普通股票的时间。在该期限内，持债人可以按照转换比例或转换价格自由完成债券对股票的转换。我国《上市公司证券发行管理办法》规定，可转换公司债券的期限最短为 1 年，最长为 6 年，自发行结束之日起 6 个月方可转换为公司股票
转换比例	转换比例是指一定面额的可转换债券可转换成普通股票的股数，其计算公式为：转换比例 = 可转换债券面值 ÷ 转换价格
转股价	转股价是指可转换公司债券转换为每股股票所支付的价格，其计算公式为：转换价格 = 可转换债券面值 ÷ 转换比例，可转换债券通常在发行之初就确定了转股价
下调转股价条款	如果股市持续暴跌，上市公司为了促进债券转换为股票，有权下调转股价，这样就可以促进投资者转股了
回售保护条款	回售是为了保护投资人的利益制定的，就是如果正股价格下跌超过转股价下修条款规定的价格时，上市公司又不下调转股价的，那么转债持有人有权利在回售期内把债券以回售价格回售给公司
强制赎回条款	指上市公司按照票面金额加一定利息的方式赎回可转债的条件，常见为：30 个交易日内，只要有 15 个交易日正股的股价大于转股价的 130%，那么发行人就可以按照一定价格将可转债赎回

No. 087 根据个性采取不同的投资法

通过前面的学习，我们知道了债券投资实际上分为两种：一种是简单持有型投资，即购入债券后持有到期享受利息收益即可，这种方式风险较低，操作简单，比较适合保守型的被动投资者；另一种是投资者购入债券后，主动预测市场的利率变化，着眼于债券市场的价格变化，并充分利用价格变化来赚取差价收益，比较适合积极型的主动投资者。

两种债券投资方式各有各的优势，投资者可以根据自己的投资个性来进行选择。下面我们来了解两种投资方式的优势：

（1）保守型投资

保守型投资最主要的特点在于简单，持有到期即可，比较适合没有时间也没有精力专研管理，但又想要获得稳定收益的投资者。例如老年投资者、繁忙的上班族以及缺乏投资经验的理财小白。

其次，保守型投资还具有下列两项优势。

①保守投资的收益是固定的，且可以提前计算，它也不受市场行情变化的影响，能够有效规避价格波动变化的风险，帮投资者获得稳定的投资收益。

②保守投资的投资成本更低，相比积极型投资，保守投资减少了中间为赚取差价频繁买进卖出的环节，也就减少了不必要的手续费用。

（2）积极型投资

积极型投资依靠的是投资者对市场价格变化的敏感性，要求投资者能够对利率变化做出准确的预测。因此，积极型投资对投资者的要求更高，投资者需要能够准确预测市场利率的变化走向以及变化幅度，从而准确判断出债券价格的变化，并从市场价格变化中取得差价收益。

但是这种利率的变化通常难以预测，因为利率除了受到整体经济状况的影响之外，还受到通货膨胀、货币政策以及汇率变化的影响，这就为投资者的预测增加了难度，也增加了投资风险。

8.2 基金投资，专人打理操作简单

基金也是一种比较稳健、风险较低的投资方式。很多上班族投资者，或者是缺乏投资经验的投资者，想要投资股票赚取高收益，但是因为没有经验或专业知识而常常犹豫不决。此时可以考虑投资基金，虽然自己不懂，但可以将资金交给专业的投资人员进行打理，同样享受各类证券投资的收益。

No. 088 基金基础知识一举掌握

基金是一种间接的证券投资方式，基金管理公司通过发行基金份额，集中投资者的资金，然后由基金托管人进行托管（一般是具有托管资格的银行），由基金管理人员管理和运用资金，对股票、债券、货币等金融产品进行投资，然后共担投资风险，分享收益的一种投资方式。

从定义上来看比较复杂，基金投资过程中涉及的当事人也比较多，且各自承担了不同的职责。我们可以通过基金投资运作图来了解各位当事人在其中扮演的角色，如图 8-1 所示。

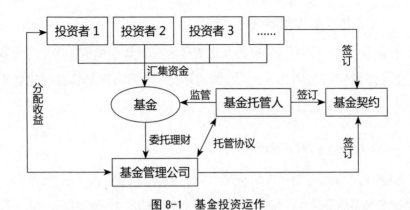

图 8-1　基金投资运作

从上图可以看到，在基金投资过程中有三个关键的当事人，即投资者、基金管理公司和基金托管人，表 8-2 所示为他们各自的职责。

表 8-2　基金投资当事人职责

当　事　人	职　责
投资者	投资者也就是基金购买者，即基金持有人。在基金投资中，投资者的职责主要是对基金的买入卖出进行操作
基金管理公司	基金管理公司是指依据有关法律法规设立的对基金的募集、基金份额的申购和赎回、基金财产的投资、收益分配等基金运作活动进行管理的公司
基金托管人	基金托管人是根据基金合同的规定直接控制和管理基金财产并按照基金管理人的指示进行具体资金运作的基金当事人。基金托管人是投资人权益的代表，是基金资产的名义持有人或管理机构。为了保证基金资产的安全，基金应按照资产管理和保管分开的原则进行运作，并由专门的基金托管人保管基金资产

明白了基金投资的基本运作之后，还要了解基金的类型。根据不同的划分标准，可以将基金分为不同的类型，主要有下列四种划分方式：

（1）根据发行方式划分

按照发行方式的不同可以将基金划分为公募基金和私募基金。公募基金是面向大众公开发行的，1 元起购的基金；私募基金是针对特定对象发行的，人数不能超过 200，且通常 100 万元起购的基金。

（2）根据投资对象划分

根据投资对象的不同可以将基金划分为股票型基金、债券型基金、货币型基金和混合型基金，这是基金投资中最常使用的一种划分方式。具体内容如下：

①股票型基金是指基金资产 80% 以上投资于股票的基金。因为股票投资在基金资产中占比很高，所以股票型基金属于风险较高的基金投资品种。

②债券型基金是指基金资产 80% 以上投资于债券的基金。债券型基金因为大部分资金投资于债券，所以基金稳定性较强。

③货币型基金是指主要投资于短期货币市场的金融品种，例如国债、央行票据、大额存单等。这些投资品种能够最大限度地保障本金的安全，但同时也决定了货币基金在各类基金中收益是最低的。

④混合型基金是指基金的投资品种没有特别规定，既可以投资股票，也可以投资债券，还可以投资货币市场，并且各类投资品种的比例也没有严格的限制。因此，混合型基金的投资比较灵活，基金管理人员可以根据市场变化自由调整投资品种和比例。

（3）根据基金是否开放申购赎回划分

根据基金是否开放申购赎回可以将基金划分为开放式基金和封闭式基金。开放式基金是指基金成立之后，经过短暂的封闭期后，投资者就可以自由进行申购、赎回操作的基金。

封闭式基金是指在封闭期内不能通过基金公司进行申购和赎回操作，且封闭期一般为 3 年、5 年的基金。因此，封闭式基金的流动性较差，为了弥补封闭式基金的这一缺点，封闭式基金可以在证券市场上进行买卖交易，不受封闭期影响。

（4）特殊的基金类型

除了前面介绍的基金品种之外，市场上还有一些比较常见的但特殊的基金类型，具体如表 8-3 所示。

表 8-3 特殊的基金类型

基金名称	介　　绍
ETF 基金	交易型开放式指数基金，又被称为交易所交易基金（Exchange Traded Fund，简称 ETF），它是一种在交易所上市交易的、基金份额可变的开放式基金
LOF 基金	LOF 基金（Listed Open-Ended Fund）为上市型开放式基金，具体是指在证券交易所发行、上市及交易的开放式证券投资基金。上市开放式基金既可通过证券交易所发行认购和集中交易，也可通过基金管理人、银行及其他代销机构认购、申购和赎回
分级基金	分级基金（Structured Fund）指在一个投资组合下，通过对基金收益或净资产的分解，形成两级（或多级）风险收益有一定差异化基金份额的基金品种。简单来说，它将基金产品分为两类或多类份额，并分别给予不同的收益分配。 分级基金各个子基金的净值与份额占比的乘积之和等于母基金的净值，例如拆分成两类份额的母基金净值 =A 类子基净值 ×A 份额占比 %+B 类子基净值 ×B 份额占比 %
QDII 基金	QDII（Qualified Domestic Institutional Investor）基金是指在一国境内设立，经该国有关部门批准从事境外证券市场的股票、债券等有价证券业务的证券投资基金
对冲基金	对冲基金是采用对冲交易手段的基金，具体指金融期货和金融期权等金融衍生工具与金融工具结合后以营利为目的的金融基金

续表

基金名称	介　　绍
指数基金	指数基金是以特定指数（如沪深 300 指数、标普 500 指数、纳斯达克 100 指数、日经 225 指数等）为标的，并以该指数的成分股为投资对象，通过购买该指数的全部或部分成分股构建投资组合，以追踪标的指数表现的基金品种
保本基金	保本基金指在一定期间内，对所投资的本金提供一定比例保证的基金。该基金通过利用利息，或者是以极小比例的资产从事高风险投资，而将大部分的资产投资于固定收益类产品，使基金投资即便下跌也不会低于其所担保的价格，从而达到保本的目的

可以看到，基金的品种类型非常多，且不同的品种具有不同的特点和优势，为了能够达到稳健投资的目的，投资者有必要了解并清楚这些基金。

No. 089 选取基金的四大技巧分享

基金不仅品种多，基金公司也多，因此市面上的基金数量成千上万，想要在其中选取到适合的、有发展潜力的基金却不容易。下面就来介绍四种实用的基金选择技巧：

（1）利用基金公司选择基金

基金公司是基金投资运作过程中的关键一环，负责向投资者发起基金，寻找托管银行及聘用基金经理等工作，所以一个基金公司的运作能力强弱会直接影响基金的业绩表现。故此，投资者选择基金时应从基金公司的角度出发，从下列四个方向来考察基金公司：

◆ **基金公司的基金管理规模**：一家基金公司的基金管理规模越大，说明购买他们基金的投资者越多，是基金公司实力与能力的体现。

◆ **基金公司稳利性**：一家优秀的基金公司应该结构完善且股权稳定，这样才能保证公司的稳定运营。

◆ **基金公司的服务**：选择基金公司时还要查看公司是否以投资者的利益为先，诚信经营，不损害投资者的利益。

◆ **查看基金公司的投资风格**：每家基金公司都有自己擅长的领域，例如有的基金公司擅长价值投资，有的基金公司擅长成长股投资。所以在选择基金时应该查看基金公司的投资风格和专长，选择与自己投资风格更契合的基金公司。

（2）利用基金经理选择基金

选择好了基金公司之后，还要选择一位优秀的基金经理，因为基金的实际操作都是通过基金经理完成的，基金经理优秀与否将直接影响基金业绩。选择基金经理时可以从如表 8-4 所示的几点出发。

表 8-4 选择基金经理的要点

要　点	内　容
从业经验	选择基金经理时要查看其从业经验，尽量选择从业时间长的基金经理，经验更丰富，也更稳健，一般以 5 ~ 10 年为佳
历史业绩	查看基金经理管理的基金业绩情况，盈利多，还是亏损多，以及在同类型的基金经理中的排名情况
管理数量	查看基金经理的基金管理数量，除了被动型基金对基金经理依赖性不高之外，主动型基金对基金经理的要求较高。如果基金经理管理基金的数量过多，则可能会出现精力不足的情况。通常来说，主动型基金数量最好不超过 5 只为佳
投资风格	每位基金经理都有自己的投资风格，了解了基金经理的投资风格后，就能大概判断出基金后期的投资方向和风险情况。尽量选择与自己投资风格相近的基金经理
查看人品	基金经理既需要管理才能，更需要诚信的人品，选择基金经理时要查看基金经理是否以投资者的利益为重，是否出现违规操作的记录

（3）利用基金年报选择基金

每一个年度后，都会公布所有基金上一年度情况的报告，也就是基金年报。投资者通过阅读基金年报可以查看基金的具体情况，包括盈利状况、投资情况以及后市行情发展情况等。

但是年报通常有几十页，包含几万字，导致很多投资者无从下手。实际上，抓住要点内容就可以轻松阅读年报。

年报一般分为12个部分，具体如图8-2所示。

图8-2　年报内容组成

从上图可以看到，年报的内容较多，但是投资者没有必要一一阅读，掌握关键内容即可。

◆ 主要财务指标、基金净值表现及利润分配情况

主要财务指标、基金净值表现及利润分配情况是第一个关键内容，从该内容投资者可以快速了解该基金在上一年度中是否盈利，以及具体的盈利情况。其中有四个财务指标需要说明，如表 8-5 所示。

表 8-5　财务指标说明

财务指标	说　明
本期利润	可以反映基金在上一年度的盈利或亏损情况
本期基金份额净值增长率	本期基金份额净值增长率也称为基金收益率，可以查看基金的真实收益情况
期末可供分配基金份额利润	基金每份份额分红的上限
期末基金资产净值	该基金的资产规模情况

如果从基金的主要财务指标、基金净值表现及利润分配情况得出，该基金跑不赢业绩比较标准，那么基本就可以将基金去除了。

◆ 管理人报告

投资者阅读管理人报告可以了解该基金的运行策略，以及该基金经理对未来市场的研判。但如果选择的是被动型基金，例如指数基金，那么管理人报告就没什么可看的了。

◆ 投资组合报告

投资组合报告披露的是该基金的具体投资状况，包括基金资产组合情况，该基金配置的行业，股票、债券的仓位，以及前十大重仓股等。阅读投资组合报告可以帮助投资者了解基金资产去了哪里。

◆ 基金份额持有人信息

从基金份额持有人信息可以了解该基金的客户数量、客户持有份额、机构投资者占比、基金管理人的从业人员持有基金占比等情况，从中可以看出是哪些人或机构重仓了该基金，如果有大机构重仓的话，说明该机构对基金比较认可。

◆ 开放式基金份额变动

从开放式基金份额变动可以看到该基金是申购的投资者多，还是赎回的投资者多。通常业绩表现越好的基金，净申购（净申购＝申购－赎回）越多。

通过阅读基金年报的上述五个部分，基本上就可以判断出该基金是否值得投资了。

（4）利用基金评级机构来选择基金

基金评级指由基金评级机构收集各个基金的相关信息，然后通过科学定性定量分析，再依据一定的标准，对投资某一种基金后所需要承担的风险，以及能够获得的回报进行预期，并根据收益和风险的预期对基金进行排序。基金评级是投资者选择基金的重要参考指标，可以帮投资者筛选过滤掉许多劣质的基金。

国内的基金评级机构有很多，例如中国银河证券基金研究中心、晨星基金评级、理柏基金中心、惠誉基金评级等，都能向投资者提供相关的资料与数据信息。

下面以晨星基金评级为例进行介绍。晨星是一家投资研究机构，其业务范围涵盖投资咨询、投资数据、基金研究、信用评级和基金管理等各个领域。

晨星评级是将每只具有三年以上业绩数据的基金归类，在同类基金中，按照"晨星风险调整后收益"指标由大到小进行排序，前 10% 被评为 5 星；接下来 22.5% 被评为 4 星；中间 35% 被评为 3 星；随后 22.5% 被评为 2 星；最后 10% 被评为 1 星。如果基金的星级越高说明该基金的过往业绩表现越好，该基金也就更稳定。

需要注意的是，晨星评级只是在基金过往业绩的基础上做客观比较分析，为投资者在选择基金时提供依据。但是并不能说明高星级的基金，在未来就一定能够继续取得良好的业绩，也不能够说明低星级的基金未来不能够取得良好的发展。

下面来具体看看如何利用晨星网选择基金。

理财实例 借助晨星网选择基金

进入晨星基金网首页（http://cn.morningstar.com/main/default.aspx），在页面中选择"基金工具"选项，在展开的菜单列表中选择"基金筛选器"命令，如图 8-3 所示。随后根据页面提示登录账号信息。

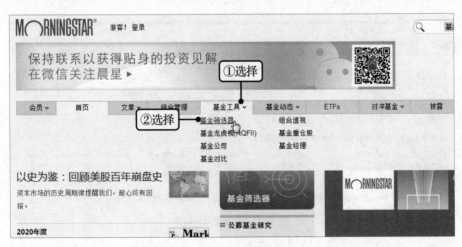

图 8-3　选择"基金筛选器"命令

进入基金筛选页面，设置筛选条件，包括三年评级、五年评级、基金组别以及基金分类，还可以设置基金公司和基金名称，完成后单击"查询"

按钮，即可在页面下方看到筛选后的基金列表，如图8-4所示。

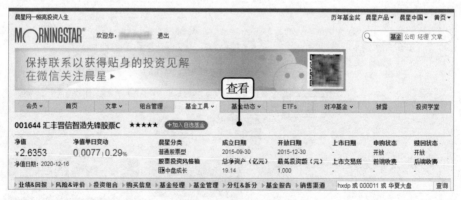

图8-4　设置筛选条件

　　根据筛选结果可以看到，排在前面的属于业绩表现优异的5星评级基金，单击感兴趣的基金名称，即可进入基金详情页面，进一步查看基金信息。如选择汇丰晋信智造先锋股票C，如图8-5所示。

图8-5　查看基金详情

　　综上所述，投资者在选择基金时应尽量选择成立时间3年以上的、在同类基金中收益靠前的、基金经理经验丰富的以及基金公司运营稳定的基金。选择一只优质的基金是获益的前提，投资者不能马虎对待。

No. 090 基金投资的获利方式有哪些

基金有开放式基金和封闭式基金之分，两类基金的获利方式是不同的，投资者投资基金之前要明确基金的获利方式。

（1）开放式基金的获利方式

开放式基金的获利方式主要有三种：净值增长、现金分红收益和红利再投，具体如下：

◆ 净值增长

净值增长是最简单的获利方式，基金经理用基金资产投资的股票或债券出现升值，或是投资的股票出现分红、股息，又或者是债券投资收到利息，都会使基金的单位净值出现增长。

基金的单位净值上涨后，投资者赎回持有的基金份额时所得到的净值差价，就是投资基金得到的毛利，再除去申购、赎回时的手续费用，就是最终的投资收益。

理财实例 计算基金的投资净收益

投资者花费 1 万元买了某只基金，申购时该基金单位净值为 1.030 0 元，两个月赎回时该基金单位净值为 1.360 0 元。已知投资者申购时费率为 1.5%，赎回时费率为 0.5%，基金公司采取内扣法计算份额，计算投资者的净收益。

申购：

申购手续费：$10\,000 \times 1.5\% = 150$（元）

申购份额：$(10\,000 - 150) \div 1.030\,0 = 9\,563.11$（份）

赎回：

赎回总额：$9\,563.11 \times 1.360\,0 = 13\,005.83$（元）

赎回手续费：$13\,005.83 \times 0.5\% = 65.03$（元）

赎回净额 =13 005.83−65.03=12 940.80（元）

净收益计算：

净收益 =12 940.80−10 000=2 940.80（元）

◆ 现金分红收益

根据国家法律法规和基金契约的规定，当基金满足分红条件时，基金管理人需安排现金分红。此时，投资者可以根据持有的基金份额享受现金分红的投资收益。

◆ 红利再投

红利再投与现金分红属于同类型的收益，当基金管理人发放红利时，投资者可以选择现金，也可以红利再投。如果投资者选择了红利再投，那么投资者持有的基金份额将增加，当然也可以享受增加份额带来的净值增长收益。

（2）封闭式基金的获利方式

封闭式基金的获利方式与开放式基金的获利方式有相同点，也有不同点。相同点在于，净值增长收益。净值是基金的价格，当基金的单位净值增长，投资者自然能得到收益。

其次，封闭式基金也能享受现金分红收益。当基金满足分红条件时，基金管理人就会发放现金分红，但是封闭式基金只能采用现金分红，而不能够以红利再投的方式进行红利分配。

最后，封闭式基金还可以折价交易获利。因为封闭式基金有封闭期，在封闭期内不能进行申购 / 赎回操作，但投资者可以在二级市场进行竞价交易。当封闭式基金在二级市场上的交易价格低于实际净值时，这种情况为"折价"。

理财实例 计算封闭式基金的投资收益

某封闭基金的单位净值为 1.200 0 元，如果投资者在二级市场上以 20% 的折价率购买了该封闭式基金，预估该投资者的投资收益。

投资者以 20% 的折价率购买该基金，计算基金市价：

1.200 0−1.200 0×20%=0.960 0（元）

投资者持有到期该基金，赎回该基金。赎回时，如果基金单位净值仍然为 1.200 0 元，那么投资者的投资收益率为：

（1.200 0−0.960 0）÷0.960 0=25%

赎回时，如果基金单位净值上涨，大于 1.200 0 元，那么投资者的收益率大于 25%。

从长期的角度来看，随着封闭期的临近，封闭式基金的折价率必然会逐渐回归到 0，因为封闭式基金虽然有封闭期，但却是有限的，到时候投资者就能以净值赎回该基金，所以任何偏离净值的价格，都会被套利者抹平。因此，在二级市场中购买封闭式基金，折价率越大，投资者到期套利的空间就越大。

No. 091 基金定投，成本均摊风险更低

选择好基金之后，在投资技巧上也要讲究一定的方法，才能降低基金投资风险，使投资更稳健。而基金定投就是一种成本均摊、降低风险的投资方法。

基金定投与银行储蓄中的零存整取有点类似，具体是指在固定的时间投入固定的资金到指定的基金中。因为基金的单位净值在不断变化，投资者一次性买入，可能会在低价时买进，也很有可能在高价时买进，而定期买进可能买在高价也可能买在低价，同样的基金份额，却平摊了基金价格，投资的风险更低。

除了成本均摊之外，基金定投还具有如表 8-6 所示的优势。

表 8-6　基金定投的优势

优　　势	具体内容
省时省心省力	投资者开通基金定投后，再也不用因买入基金的时机而犯难，只要将资金存入银行卡，每月到期后系统自动扣款即可，更省时省心省力。为投资者，尤其是缺乏投资经验的投资者省去了很多的事情
强制储蓄	基金定投具有强制储蓄的特点，投资者在固定时间将一些闲散的资金投入基金，可以达到积少成多的目的
享受复利	基金定投时，收益为复利，即本金产生的利息加入本金继续创造收益，形成利滚利的复利效果，且时间越长复利的效果就越明显

虽然基金定投有这么多的优势，但并不是所有的基金品种都适合定投。我们在选择基金做定投时应该选择净值变化波动较大的品种，这样定投才能达到分摊成本的目的。

所以在选择基金品种时可以选择股票型基金或混合型基金，而货币基金和债券基金比较稳定，成本分摊的意义不大，可以不用定投。如果想要定期储蓄的低风险爱好者，可以选择。

除了确定定投的基金品种之外，还要确定自己是否适合做定投。如果自己本身具备长期的基金投资经验，且闲暇时间多、精力充沛，则可以不用选择定投的方式。基金定投更适合下列几类人群：

想要储蓄的月光族。基金定投比较适合消费缺乏规划、难以存下钱的月光族，可以通过基金定投的方式实现强制储蓄，养成良好的理财习惯。

有固定收入的上班族。上班族每月都会领取固定的工资，收入稳定，可以通过定投的方式，做些小额投资。且定投花费的精力少，比较适合工作繁忙的上班族。

缺乏投资经验的人。缺乏投资经验的人可以尝试基金定投，分期、分批次的投资，分摊成本，达到降低风险的目的。

最后在制订基金定投计划时要充分考虑以下三个问题：

（1）定投的周期

基金定投周期比较常见的是每月定投，但是也有部分投资者习惯每周定投，觉得每周定投更能达到成本分摊的目的，那么定投的周期是每月为好，还是每周为好呢？

理论上，在市场波动较小的情况下，可以选择每月定投，因为市场波动小，对基金净值的影响变化不大，按月即可；在市场波动较大的情况下，可以选择每周定投，这样更利于降低建仓成本。

（2）定投的金额

定投的金额没有固定的要求，最大的依据在于投资者自身的收入情况，以及承受风险的能力大小。一般来说，投资不能影响家庭的正常生活，可以将每月收入的 30% 用于投资。

（3）定投的目标

定投的目标是指投资者在定投之初要提前设置好止盈止损点。很多人对此不理解，为什么定投需要设置止盈止损点？其实在基金定投中，设置止盈止损点也是为了保护和锁定前期利润。下面我们分别来看基金定投中的止盈和止损。

◆　止盈

止盈很好理解，当基金的单位净值不断上涨，投资者每月定投不仅没有摊平成本，反而逐渐拉高成本，属于高位重仓。在这样的情况下，一旦市场行情发生转变，投资者的利润就会大幅降低，严重时甚至可能出现转盈为亏的情况。所以应提前设置止盈点，当基金净值上涨到某一位置时，锁定前期收益。具体的位置需要根据自己的实际情况来确定。

◆ 止损

理论上，止损并不适合定投的投资策略。因为定投通常为长期性投资，达到以时间换空间的目的。所以，基金定投更看重低单位净值下的基金份额的积累，应越跌越买。这样一旦市场回暖，投资者的收益才能体现。

那么是不是不需要设置止损呢？其实不是，基金定投中也需要设置止损，如果距离定投的目标期限较近，或是投资者对后市经济的长期发展并不看好，此时就需要止损。

最后，基金定投最重要的一点在于坚持，只有持之以恒的长期坚持，才能够明显看到基金定投的效果。所以基金定投持续的时间最好达到3年以上。

No. 092 基金组合投资，分散投资风险

基金投资技巧中，除了基金定投之外，还有一个不得不提的投资策略——组合投资。

基金组合投资是指根据一定的投资目标，筛选出若干只不同风格、不同类型的基金，并合理配置资产组合，来降低收益波动幅度，从而达到稳定地获得收益，实现资产长期增值目的的一种投资策略。

基金组合投资的本质是利用不同类型基金的特点，将投资的风险进行量化、分散，让不同类型的基金互相配合，取长补短，达到稳定收益的目的。因此，投资者在构建基金组合之前，要明确各种基金的特点。

了解各类型基金的特点可以从风险性、收益性和风格三个方面入手，具体如下：

◆ 不同类型基金的风险性

不同类型的基金具有不同程度的风险，投资者在构建基金组合时就要利用不同类基金具备的不同程度的风险性进行搭配，达到降低风险的作用，例如配置"高比例的低风险基金 + 低比例的高风险基金"，图 8-6 所示为常见基金的风险比较。

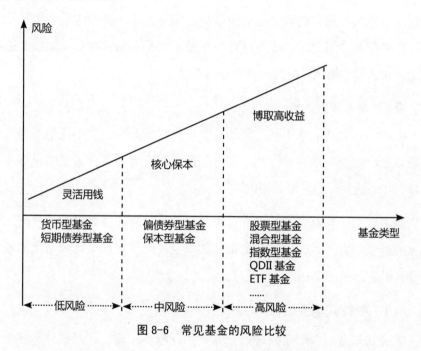

图 8-6 常见基金的风险比较

从上图可以看到，根据基金的风险性大小比较可以将基金分为三种类型，即低风险型基金、中风险型基金和高风险型基金。基金组合投资的过程实际上也是不同风险类型基金搭配的过程，在搭配时要明确各个风险基金的实际作用。

低风险型基金风险较低，资金比较灵活，可以用于紧急情况下的资金流转，分配具体资产占比时需要考虑日常资金的流动情况；中风险基金通常为基金组合的核心，也是抵抗投资风险的关键，主要目的是使投资本金不受损害，其比重通常达到 40%～60%，对于一些风险厌恶者来说，比例甚至达到 70%；高风险基金是基金组合中博取高收益的关键，占比越高，其风险性也越大。

◆ 不同类型基金的收益性

不同类型的基金其收益也有很大的区别，且基金的收益性与其风险性成正比，即风险越大的基金收益率越高，风险越小的基金收益率也越低。所以在搭配基金组合时，要注意将高收益率的基金与低收益率的基金进行搭配，在达到平衡风险的同时将收益最大化。

◆ 利用基金的风格

不同的基金其风格不同，例如基金有大盘型基金、中小盘型基金、价值型基金、成长型基金。因此，在搭配基金组合时要结合基金的风格进行组合，才能达到分散风险的目的。

除了根据不同基金的特点进行组合之外，投资者还可以学习一些比较常见的基金组合形式，提高基金组合的安全性与稳定性。比较常见的基金组合有以下三种类型：

（1）哑铃式基金组合

哑铃式基金组合非常好理解，就是如同哑铃一样，在两头分别添加不同风险、不同收益率、不同风格的基金进行组合，达到平衡投资的目的。例如"股票型基金＋债券型基金""大盘型基金＋中小盘型基金"或者"价值型基金＋成长型基金"。

哑铃式基金组合结构非常简单，投资者能够轻松实现基金组合管理或调整，不同类型的基金也能起到互补的作用，图 8-7 所示为哑铃式基金组合示意图。

图 8-7 哑铃式基金组合

（2）核心卫星式基金组合

核心卫星式基金组合实际上分为两个部分。首先是核心部分，选择长期业绩稳健的基金作为组合的核心，起到稳定组合、保障本金的作用；其次是卫星部分，选择短期业绩比较突出的基金作为卫星，起到提高收益的作用，如图 8-8 所示。

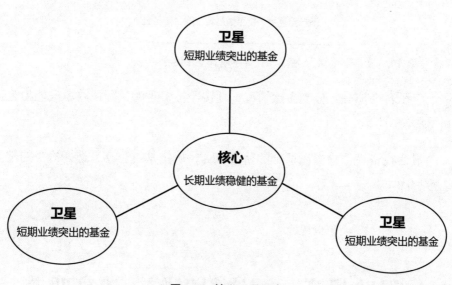

图 8-8 核心卫星组合

核心卫星式基金组合最大的特点在于既能保障基金收益长期稳定的增长，也能够满足投资者灵活配置资产的需求。

（3）金字塔式基金组合

金字塔式基金组合是将组合分为三个部分，从下到上依次降低资产比例，首先以风险较低的、稳健型的基金作为组合底部，起到稳定组合的目的；其次利用能够充分享受市场收益的指数型基金作为组合腰部，起到巩固组合的目的；最后投资高风险的基金博取高收益，作为组合顶部，如图8-9所示。

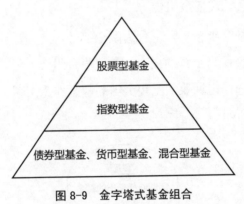

图8-9　金字塔式基金组合

至于各个部分具体的占比情况，则按照投资者的实际风险承受能力进行分配。

最后投资者选择自己适合的基金组合，确定基本思路，选择恰当的基金配置即可。

8.3　保险投资，一边得保障一边享收益

保险与其他理财工具最大的区别在于，保险不仅能够为投资者提供人身、医疗、安全保障，保险投资者还能获得投资收益。这种保障与收益兼

具的投资模式，能够提高家庭理财的意义，因而广泛受到追捧。

No.093　坐享分红得收益：分红险

分红险，从字面上来理解就是有分红的保险，具体来看是指投保人可以以红利方式分享保险公司经营成果的一种保险产品。也就是说，分红险不仅能对投保人起到保障作用，还具有投资功能，让投保人享受公司红利。因此，分红险一经推出便受到广大消费者的青睐。

投资者想要享受分红险的红利，首先需要知道分红险的红利主要来源有哪些。实际上，分红险的红利来源主要是保险公司的可分配盈余，包括三个方面：即死差益、费差益和利差益。这"三差"的损益之和构成了保险公司的亏损或盈利。具体如表 8-7 所示。

表 8-7　分红险的红利来源

来　源	内　容
死差益	保险险种在定价时使用的生命表有一个死亡率的问题，保险公司定价时会预定一个死亡率，当实际发生的死亡率小于预定的死亡率时，实际赔付比预期少，就形成了死差益，反之就是死差损
费差益	保险公司的运营管理都是有成本的，会产生费用，保险公司同样会预定一个费用率，如果实际发生的费用率小于预定的费用率，实际费用支出比预期少，那么就形成了费差益，反之就是费差损
利差益	保险公司聚集了大量的资金，会对其进行合理的投资，通过对责任准备金的投资组合配置，会达成一定的收益。同样保险公司有一个预计的收益利率，以支付保费成本，当投资达成的实际收益高于预定的利率时，就产生了多余的收益，就形成了利差益，反之就是利差损

除了表格中的三大收益之外，实际上影响保险公司盈余的还有失效收益、投资收益、资产增值、残疾给付、意外加倍给付、年金预计给付额等

与实际给付的差额，以及预期利润。

但并不是所有的分红险产品的红利来源都包括这些收益项目，有的产品仅包括死差益和利差益，所以在投资分红险之前，投资者要仔细确认。

其次，对于分红险投资，投资者最关心的莫过于分红险的分红问题，即红利怎么分。分红型保险有两种红利分配方式，分别是现金红利法和增额红利法。

（1）现金红利法

现金红利法是指每个会计年度结束后，保险公司根据当年的业务盈余来决定可分配盈余，各保单根据对总盈余贡献值的大小来决定红利的多少。具体来看，现金红利下的红利分配又分为下列三种方式：

①**留存保险公司累计生息**。它指将红利留存于保险公司，按照公司每年公布的红利累计利率按复利方式累计生息，直至合同终止，或投保人申请领取时给付。

②**抵扣下一期保费**。它指将红利收益用于抵扣下一期应交保费金额。

③**以现金支取红利**。它指直接用现金的方式发放红利。

（2）增额红利法

增额红利法以增加保单现有保额的形式分配红利，保单持有人只有在发生保险事故、期满或退保时才能真正拿到所分配的红利。

通过增额红利法分配红利，投保人只能将红利用于增加原保单上的保险金额，且红利的支配方式比较单一。但是这样的分红方式使保险公司降低了红利现金支付的压力，使其能在一定程度上增加长期资产投资的比例，进而提高总投资收益，因此更受保险公司喜欢。

最后，投资分红险需要明确的是，与储蓄不同，储蓄有固定的利率计算利息，但是分红险却不是。所谓的分红率只是一个预估，不能直接用于计算。如果投资者在决定是否投资分红险之前，以分红率进行计算显然是不对的。

No. 094　稳健投资利器：万能险

万能险是万能保险的简称，也属于保险产品。但是除了与传统寿险一样保障生命之外，万能险还可以让投资者参与由保险公司为投保人建立的投资账户内资金的投资活动，保单价值与保险公司独立运作的投保人投资账户资金的业绩挂钩。

也就是说，万能险既具备保障功能，也具有投资特性，产品中设置了两个账户：保障账户和投资账户。在保障账户中，投保人可以对保障进行管理，例如保障费用的支出、保障额度的调整以及保障内容的选择；在投资账户中，投保人将投资管理权全部交由保险公司，投保人可以享受投资账户中的投资收益。另外，保障账户和投资账户中资金的比例由投保人自己设置。

图 8-10 所示为万能险示意图。

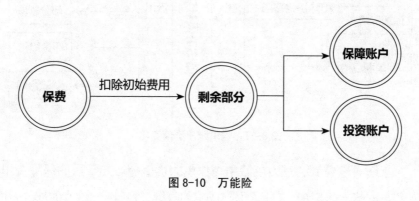

图 8-10　万能险

下面我们分别来看看这两个账户。

（1）保障账户

保障账户的功能在于对投保人起到保障作用，涵盖了寿险、重疾险、医疗险和意外险。该账户具有以下三个特点：

①保障账户中的保障产品都需要长期交费，才能起到保障作用，甚至可能是终身交费，例如寿险。一旦投保人停止交费，那么保障账户的保障功能也就失效了。

②不同性别、不同健康状况以及不同年龄的投保人，交费的费率不同，通常情况下，年龄越大的投保人费率越高。

③万能险的保障账户的最大特点在于灵活性，投保人可以根据自己的意愿以及家庭的实际需求调整保障的额度、保障的内容以及保费的高低。

（2）投资账户

投资账户相较于保障账户来说比较复杂，主要是因为投保人整个保单账户中的价值变化难以理解，如图 8-11 所示。

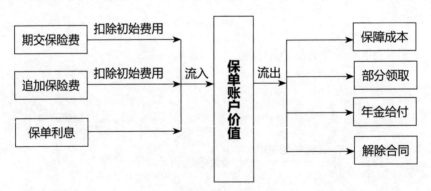

图 8-11　保单账户价值变化

从上图可以看到，在万能险中，保单的价值随着扣除后的保险费用和保单利息的流入而增加，又随着保障成本的收取、保单账户价值的部分领取、年金给付和解除合同的流出而减少。

简单地说，就是当投保人交保费后，保险公司扣除初始手续费用后，分为保障账户和投资账户。其中，保险公司对投资账户进行投资管理，盈利得到的钱将回到投资账户中作为本金继续投资，实现复利。同时，投保人需要定期为得到的保障支付保险成本，此时保险公司会自动从投资账户中扣除保障账户中所需要交的保额。当投资账户中的资金不能抵扣保障成本时，保单就失效了，保障也不再有了，更不会有利息进入投资账户了。

为了吸引更多的投保人购买万能险，保险公司通常会给出一个保底利率，即承诺投保人在实际结算过程中投资人取得的利率收益可能不低于保险公司规定的利率收益，也就是万能险产品的投资利益上不封顶，且下有保底。图 8-12 所示为万能险收益组成图示。

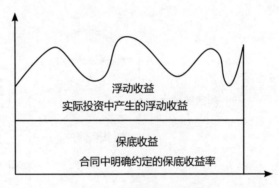

图 8-12 万能险收益组成

从上图可以看到，万能险的收益实际由保底收益和浮动收益两部分组成，其中的保底收益是由保险公司按照承诺的最低收益率计算而来。

综上看来，万能险是兼具保险和理财的一种保险产品，其中投资理财的风险由保险公司和投保人共同承担，但因为有保底收益这个前提，所以投保人承担的风险相对较小。但是万能险与分红险相比，其投资风险更高。因为分红险的收益来源是保险公司的经营所得，收益渠道更稳定，所以承担的风险也更低。

No.095 投资保险多账户：投连险

投连险可以从名字上来入手了解，投资连接保险就是投连险，具体是指在一份终身寿险产品中既包含保险保障，同时也具有投资功能。

投连险的保障性体现在：当被保险人在保险期间出现身故时，将获取保险公司支付的身故保障金，同时通过投连险附加险的形式也可以使投保人在重大疾病或意外事故等其他方面获得保障。在投资方面，保险公司使用投保人支付的扣除初始费用后的保费进行投资，并获取收益。

投连险的运作也体现在两个账户：保障账户和投资账户，具体运作模式如图 8-13 所示。

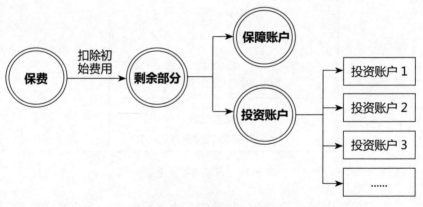

图 8-13　投连险的运作原理

从上图可以看到，投保人交保费之后，保险公司扣除初始费用，随后剩余资金进入保障账户和投资账户。保障账户中的资金是为了获得保险合同提供的保障功能而交的保费，而投资账户的功能是用除去初始费用和保障费用之后剩下的资金做投资。

看起来与万能险比较类似，但又存在不同，因为投连险的投资账户下设置了多个账户，投资者可以进行自由选择。

为了便于投保人选择，投连险通常设置了多类投资账户，不同的账户具有不同的投资风格，投资者可以自行选择一个或多个投资账户，且自由设置保险费在各个投资账户中的分配比例。

通常投连险具有下列三类基本账户：

激进账户。激进账户采用较激进的投资策略，以股票为主要投资对象，追求高收益，从而实现资产的快速增值。该账户具有高风险、高收益的突出特点。

发展账户。发展账户采用较稳健的投资策略，所有投资行为的前提都是保证资产安全，再通过对利率和证券市场的判断，调整不同投资品种上资产的比例，力求获得资产长期、稳定的增长。

保证收益账户。保证收益账户采用保守的投资策略，即在保证本金安全和流动性的基础上，通过对利率走势的判断，合理安排各类存款的比例和期限，以实现利息收入的最大化。

当然，有投资就有风险，投连险也不例外，投保人选择了投资账户后就需要自行承担这些投资账户带来的收益与风险。与万能险不同的是，投连险没有保底利率，需要投资者完全根据自己的风险承受能力进行合理选择。所以在分红险、万能险以及投连险中，投连险的风险性最高。

由此，我们可以得出投连险的优势，主要有以下四点：

①投连险中设置多个账户，投保人根据自己的需求自由选择账户类型，投资风险更适合自己。

②投资账户资金给专业的投资团队操作，比个人投资更有效。

③投连险首先注重投资，其次关注保障，即在为投保人提供可观收益

的基础上，还提供部分保障，具有双重性。

④投连险的各项费用扣费清晰，缴费灵活并具有弹性，能够满足投保人的不同需求。

No. 096 解决养老问题：年金险

年金险是指投保人一次性或按期交纳保险费，投保人以被保险人生存为条件，按年、半年、季度或月度的方式给付保险金，直至被保险人死亡或保险合同期满。

年金险中涉及三个当事人，且各自具有不同的作用，如图 8-14 所示。

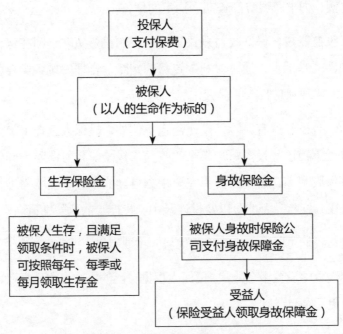

图 8-14　年金险当事人责任

从年金险的内容来看，年金险与终身寿险比较相似，都是以被保人的寿命作为保险的标的，但却有很大的区别。在年金险中，保险金分为两类：生存保险金和身故保险金，且生存保险金由被保人自己领取，而身故保险金则由保险受益人领取。终身寿险只有身故保险金，由保险受益人领取。

因此，年金险虽然属于人身保险的一种，但更主要的是保障被保险人在年老或丧失劳动能力时能够获得经济收益，所以普遍被称为"养老金"，为投保人解决老年的经济问题，使得投保人的晚年生活得到保障。

投保人在年轻、资金比较充沛且存在闲余时，可以按期缴纳保费，到年老之后就能按时领取生存保险金度过晚年生活。从这一点来看，年金险也可以视为定期强制储蓄，具有零存零取的特点。

年金险的类型有很多，按照保费交付方式和期限的不同进行划分，可以分为下列三种：

（1）个人养老保险

个人养老保险一般的投保人是单位或团体，被保险人是该单位或团体的在职人员。按保险合同规定，投保人汇总交付保险费，直到被保险人到达规定退休年龄。保险人对已退休的被保险人按期或一次给付保险金，当被保险人死亡或已一次给付全部保险金，保险终止。

如果年金受领者在达到退休年龄之前死亡，保险公司会退还积累的保险费（计息或不计息）或者现金价值，根据金额较大的计算而定。在积累期内，年金受领者可以终止保险合同，领取退保金。如今社保中的养老保险正是这类的年金险。

（2）定期年金保险

定期年金保险是指投保人在规定期限内缴纳保险费，被保险人生存至一定时期后，依照保险合同的约定按期领取年金，直至合同规定期满时止的年金保险。如果被保险人在约定期内死亡，则自被保险人死亡时终止给付年金。

日常生活中比较常见的子女教育金保险就是定期年金保险，父母作为投保人，在子女幼小时，为其投保子女教育金保险，等子女满 18 岁开始，从保险公司领取教育金作为读大学的费用，直至大学毕业。

（3）联合年金保险

联合年金保险是以两人或两人以上的家庭成员为保险对象，投保人或被保险人交付保险费后，保险人以被保险人共同生存为条件给付保险金，若其中一人死亡，保险终止。

还有一种形式是，当被保险人全部死亡，保险才终止，这称为联合最后生存年金保险。年金保险可由政府通过立法形式办理，属于社会福利保险，也可由保险公司，通过签订保险合同办理。

第 9 章

炒

投资升级积极博取高收益

有一些收益率更高，投资回报率也更高，同时风险也更大的投资工具，比较适合风险承受力大的、愿意积极博取高收益的投资者。

9.1 高收益怎么能不炒股

说到投资高收益，就不得不提股票。很多投资者都喜欢在股市中赚钱，因为股票投机性很强，带来的高回报性也是其他理财工具难以达到的。如果投资者对股票市场判断准确，一波大行情下来，资金就能快速翻倍。但是在带来高回报的同时也带来了高风险性，股市波动变化大，一旦踏错就会被深套其中。因此，投资者必须掌握一定的经验技巧，才能在股市驰骋。

No.097 不得不知的股票基础知识

股票是资本市场中的重要组成部分，是上市公司发行的一种有价证券，是股份有限公司为筹集资金向各个股东发行的持股凭证，代表着股东（持有人）对股份有限公司的所有权。在股东持股期间可以获得股份有限公司的分红和股息。

目前市面上的股票种类有很多，根据股票的权益、股票发行的形式以及股票投资主体的差异，可对股票进行不同的分类。

（1）按照股东的权益划分

按照股东的权益划分可以将股票分为普通股、优先股和劣后股。

①普通股是指持有该类型股票的股东都享有同等权利，包括经营决策权、重大决策参与权、剩余资产分配权等。普通股是股票中最普通、最重要的股票种类。

②优先股是指持有该类型股票的股东可以优先享受某些权利的股票。优先股股票通常是上市公司基于某种特定的目的和需要而发行的，票面上会标明"优先股"字样。

③劣后股也称为后分股或后配股，即该类股票在盈余和剩余财产分配上劣后于普通股。也就是说，劣后股通常是在普通股分配之后，再对剩余的利益进行分配。

（2）根据股票的发行地划分

根据股票的发行地可以将股票分为 A 股、B 股、N 股、S 股、L 股等，具体如下：

◆ **A 股**：人民币普通股，由境内公司发行，使用人民币在我国交易的股票。

◆ **B 股**：人民币特殊股票，由境内公司发行，在我国境内以外币交易的股票。

◆ **N 股**：在我国内地注册，在纽约上市发行的外资股。

◆ **S 股**：在我国内地注册，在新加坡上市的外资股。

◆ **L 股**：在我国内地注册，在伦敦上市发行的外资股。

（3）按照上市公司的业绩情况划分

按照上市公司的业绩情况可以将股票分为蓝筹股、绩优股、垃圾股以及 ST 股，具体内容如下。

◆ **蓝筹股**：指经营业绩较好，具有稳定且较高的现金股利支付的公司的股票。蓝筹股多指长期稳定增长的、大型的传统工业股及金融股。

◆ **绩优股**：绩优股就是指业绩表现优良的公司的股票。在我国，股民衡量绩优股的主要指标是每股税后利润和净资产收益率。通常情况下，每股税后利润在全体上市公司中处于中上地位，公司上市后净资产收益率连续 3 年显著超过 10% 的股票就属于绩优股。

◆ **垃圾股**：垃圾股与绩优股相对应，具体是指业绩表现较差的公司的股票。这类上市公司由于行情前景不好，或由于经营不善，股票在市场上表现萎靡，股价走低，交投不活跃，年终分红也差。

◆ **ST 股**：ST（Special treatment）即"特别处理"，该政策针对的对象是出现财务状况或其他异常状况的股票，如果这只股票的名字上加了"ST"，就意味着该股存在巨大的投资风险，股民需要谨慎投资，但是这类股票的大风险性可能也就意味着大收益。如果加上 *ST 那么就是该股票有退市风险，希望引起股民警惕的意思。

除了股票的类型之外，投资者还需要了解股票交易的全过程。股票交易的过程实际上是委托交易的过程。投资者需要经过下列五个步骤：

第一步，开户。投资者投资之前需要开设自己的账户。每位股民需要开设两个账户，分别是证券账户和资金账户。证券账户是指证券登记结算机构为投资者设立的，用于准确记载投资者所持的证券种类、名称、数量及相应权益和变动情况的账册，是认定股东身份的重要凭证，具有证明股东身份的法律效力，同时也是投资者进行证券交易的先决条件。资金账户为股民进行证券交易的账户，是投资者在证券公司开立的用于证券公司和银行之间进行资金流转的账户。

第二步，委托买卖。股票的买卖通常通过委托来完成，委托买卖股票又被称为代理买卖股票，是专营经纪人或兼营经纪的证券商接受股民买进或卖出股票的委托，依照买卖双方各自提出的条件，代其买卖股票的交易活动。委托的方式有很多，包括电话委托、网上委托、传真委托、信函委托以及当面委托。

第三步，竞价成交。券商接受客户委托，填写委托书后，立即通知其在证券交易所的经纪人去执行委托。由于要买进或卖出同种证券的客户都不止一家，所以他们通过双边拍卖的方式来成交。国内证券交易所内的双边拍卖形式主要采用计算机终端申报竞价方式。

第四步，清算交割。清算交割分两个部分：一是指证券商与交易所之间的清算交割；二是指证券商与投资者之间的清算交割，是双方在规定的时间内进行价款与证券的交收确认的过程，即买入方付出价款，得到证券，卖出方付出证券获得价款。

第五步，过户。股票过户是指客户买进记名股票后到该记名股票上市公司办理变更股东名簿记载的行为。股票过户以后，现股票的持有人就成为该记名股票上市公司的股东，并享有股东权益。不记名股票可以自由转让，记名股票的转让必须办理过户手续。在证券市场上流通的股票基本上都是记名股票，都应该办理过户手续。

No. 098　熟悉炒股工具，磨刀不误砍柴工

掌握了股票投资的基础知识之后，还要学习使用各类炒股工具，懂得利用它们来进行股票交易以及实时分析行情。市面上的炒股软件有很多，下面介绍几款市面比较热门的炒股软件：

（1）大智慧炒股软件

大智慧股票软件是一套用来进行证券行情显示、行情分析、外汇及期货信息显示的超级证券软件，也是国内领先的互联网金融信息服务提供商，图 9-1 所示为大智慧官网首页（http://www.gw.com.cn/）。

图 9-1　大智慧官网首页

（2）钱龙炒股软件

钱龙炒股软件是历史比较悠久的一款证券软件，使用的股民比较多，也是大部分股民比较熟悉的一款炒股软件，以至于后来市面上出现的股票软件在界面和操作上都与钱龙类似，图 9-2 所示为钱龙官网首页（http://www.ql18.com.cn/）。

图 9-2　钱龙官网首页

（3）通达信炒股软件

通达信炒股软件是一个多功能的证券信息平台，与其他行情软件相比，通达信炒股软件的界面更简洁，行情更新的速度也更快，受到了广大投资者的喜欢，图 9-3 所示为通达信官网（https://www.tdx.com.cn/）。

图 9-3　通达信官网首页

（4）同花顺软件

同花顺软件是一款功能非常强大的免费网上股票证券交易分析软件，该软件提供了行情显示、行情分析以及股票交易等功能，且页面简洁、操作简单，受到了广大投资者的喜爱，图 9-4 所示为同花顺官网（http://www.10jqka.com.cn/）。

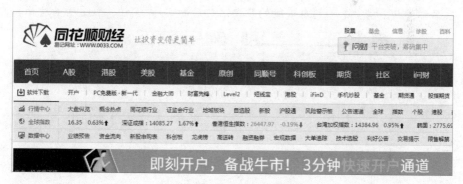

图 9-4　同花顺官网首页

为了迎合更多投资者随时随地炒股或掌上炒股的需求，这些软件都推出了手机客户端，股民在手机上即可完成炒股交易和行情浏览，以便股民能够实时把握股市动态。

下面以同花顺手机应用为例进行介绍。

理财实例 用同花顺 App 查看行情

打开同花顺软件并登录账号，在同花顺首页页面中点击"自选"按钮，系统跳转至"同花顺自选"页面中，在页面点击右上角的搜索按钮，如图9-5所示。

图 9-5　进入自选界面

在股票搜索页面中，页面默认显示数字键盘，如果股民知道股票代码可直接输入进行搜索。如果不知道股票代码，则点击数字键盘中的"中文输入"按钮，在键盘中输入股票部分名称，系统自动显示与首字符合的所有股票名称，点击需要添加到自选股的股票名称后的"+"按钮，如图9-6所示。

图 9-6　添加个股

添加之后，返回到自选页面即可查看添加的自选股信息。此时点击添加的个股中国宝安（000009），可以查看到股票的详细信息，向左滑动即可查看 K 线走势图，如图 9-7 所示。

图 9-7 查看个股详情

如果不想要查看某只个股时，在自选页面中选中需要删除的股票，再点击页面下方的"删自选"按钮即可，如图 9-8 所示。

图 9-8 删除某自选股

No.099 看懂 K 线，清楚行情走势

在股票的行情查看与分析中离不开 K 线。K 线指的是 K 线图，股市及期货市场中的 K 线包含了四个重要数据，即开盘价、收盘价、最高价以及最低价。所有的 K 线图都围绕这四个数据进行展开，并反映股市的价格变化。因此，想要分析股价走势变化必须要掌握 K 线的相关知识。

K 线由三个要素组成，即实体部分、上影线和下影线，图 9-9 所示为 K 线的三种基本类型。

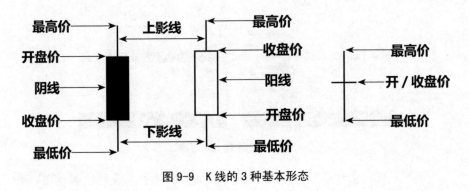

图 9-9 K 线的 3 种基本形态

从上图可以看到，K 线的三种基本类型包括阴线、阳线和十字线，具体如下：

◆ **阴线**：股票当日收盘价低于开盘价，说明当天的价格先高后低，属于下跌，称之为阴线。其在 K 线上反映为开盘价在上，收盘价在下，实体常为绿色或黑色实心。

◆ **阳线**：股票当日收盘价高于开盘价，说明当天的价格先低后高，属于上涨，称之为阳线。其在 K 线上反映为收盘价在上，开盘价在下，实体常为红色实心或空心。

◆ **十字线**：股票当日的收盘价等于开盘价称之为十字线，其在 K 线

上反映为开盘价、收盘价和实体重合的"+"字形。

在日常的炒股分析中，我们可以利用 K 线来判断股价底部或顶部，滞涨止跌，预估后市股价的走势行情，因此 K 线是炒股分析中不可缺少的一部分。

但是，实际中运用单根 K 线分析股票的可靠程度较低，所以经常以多根 K 线组成 K 线组合形态分析，这样能够得到更准确的见底触顶信号。下面以一个具体的实例来进行介绍。

理财实例 前进三兵底部信号买进分析

前进三兵形态由连续出现的三根阳线组成，它们的收盘价依次上升，形成一个稳健的走势，如图 9-10 所示。

图 9-10　前进三兵

前进三兵形态意味着多头开始进攻，空头开始放弃的过程。多头不断抬升股价，而空头无法控制股价在底部，只有节节败退，股价在不断上涨过程中，也开始吸引市场的注意，更多的散户跟进买入，逐步打破股价下跌的态势，股价也将迎来强烈的反弹，这种走势将会带动市场心理向好。

图 9-11 所示为西藏药业（600211）2019 年 8 月至 12 月的 K 线走势。

从下图可以看到，该股表现下跌走势，股价从 41.31 元的高位处开始下跌，跌至 30.05 元后止跌横盘。随后 12 月 13 日、16 日和 17 日，K 线连续收出 3 根收盘价依次上升的阳线，组成前进三兵组合，且成交量表现放量。

说明该股的这轮下跌行情已经结束，筑底完成，后市即将迎来一轮上涨行情，此时的前进三兵组合为起涨点信号，投资者可以在此位置积极买入，等待后市上涨。

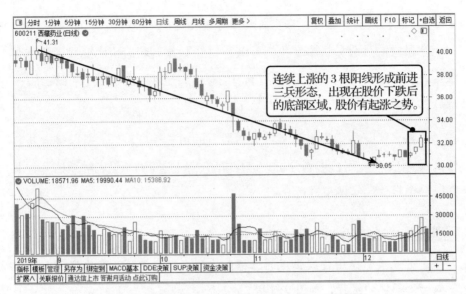

图 9-11　西藏药业 2019 年 8 月至 12 月的 K 线走势

图 9-12 所示为西藏药业 2019 年 12 月至 2020 年 3 月的 K 线走势。

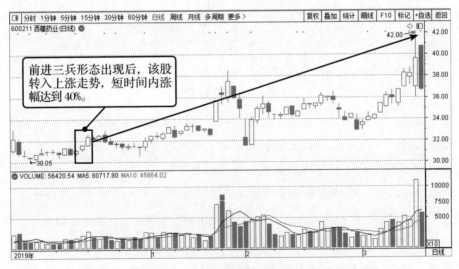

图 9-12　西藏药业 2019 年 12 月至 2020 年 3 月的 K 线走势

从上图可以看到，前进三兵形态出现后，该股股价转入上涨行情中，股价从 30 元附近，快速涨至 42 元附近，涨幅达到 40%。

从以上案例可以看到，利用 K 线形态能帮助股民快速判断股价运行的底部，清晰后市行情走势，从而做出买进卖出的判断。

No. 100 借助指标信号，快速反应

为了进一步看清 K 线走势，炒股软件中还提供了多种技术指标，借助这些指标可以更加快速、准确地把握股市行情，找准买卖信号点，提高决策的准确性。

◆ 移动平均线（MA）

移动平均线，简称 MA（Moving Average 的缩写），它是将一定时期内的股价加以平均，并把不同时间的平均值连接起来，形成一根 MA 曲线，用以观察股价变动趋势的一种技术指标，图 9-13 所示为 K 线图上的移动平均线。

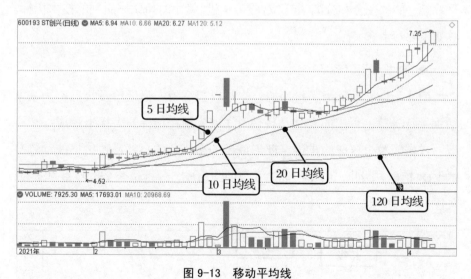

图 9-13　移动平均线

从上图可以看到，移动平均线根据其周期的长短不同可以分为短期均

线（5 日均线）、中期均线（10 日/20 日均线）和长期均线（120 日均线），分别反映出不同周期下的股价趋势变化，可以辅助股民判断股价变化。

◆ 平滑异同移动平均线指标（MACD）

平滑异同移动平均线指标，即 MACD（Moving Average Convergence Divergence 的缩写）指标，由两条曲线和一组柱线构成。其中波动较快的是快线 DIF 线，波动较慢的是慢线 DEA 线，红色和绿色柱线是 BAR 柱线，如图 9-14 所示。

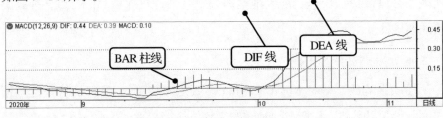

图 9-14　MACD 指标

MACD 指标素有指标之王之称，它是利用快速移动平均线和慢速移动平均线之间的聚合和分离情况，对股价买进、卖出时机做出研判的技术指标，具有重要参考意义。

◆ 随机指标（KDJ）

KDJ 指标又被称为随机指标，它是以最高价、最低价及收盘价为基本数据进行计算，得出的 K 值、D 值和 J 值分别在指标的坐标上形成一个个点，连接无数个这样的点位，就形成了一个完整的、能反映价格波动趋势的 KDJ 指标。因此，KDJ 指标由 3 根曲线组成，分别是 K 线、D 线和 J 线，如图 9-15 所示。

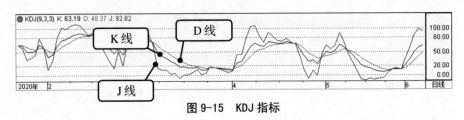

图 9-15　KDJ 指标

KDJ 指标属于一种实用性较强的技术指标，主要被应用于股价的中短期趋势分析中，可以帮助股民快速判断当前的趋势。

◆ 威廉指标（WR）

WR 指标又叫威廉超买超卖指标，WR 指标会在 0 ~ 100 区间波动，其中，0 ~ 20 这一区间是超买区。其中，20 线为超买线；80 ~ 100 这一区间是超卖区，80 线为超卖线；50 线为多空平衡线，如图 9-16 所示。

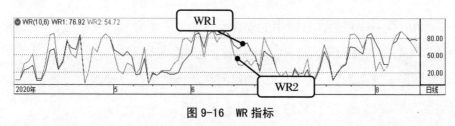

图 9-16　WR 指标

WR 指标是一种兼具超买超卖和强弱分界的指标，它主要的作用在于辅助其他指标确认是否出现了超买或者超卖的信号，从而做出买卖决策。

除了前面介绍的指标之外，还有很多的技术指标，例如 BIAS 指标、BOLL 指标、PSY 指标以及 BRAR 指标等，这些指标都能够提供不同程度的指示信号，帮助股民更精准地抓住行情变化。因此，股民有必要了解这些指标。

9.2 期货投资，添加杠杆以小博大

期货是一种以小博大的投资，因为期货投资实行保证金制度，添加了杠杆效应，保证金比率越低，杠杆效应就越大，而期货投资高收益和高风险的特点也就越明显。

No.101 认识期货及期货合约

期货投资是相对于现货交易的一种交易方式，它是在现货交易的基础上发展起来的，通过在期货交易所买卖标准化的期货合约而进行的一种有组织的交易方式。期货交易的对象并不是商品（标的物）本身，而是商品（标的物）的标准化合约，即标准化的远期合同。

可以简单理解为，日常中的现货交易为"一手交钱，一手交货"，在交易的同时即完成了资金与商品的转移。但期货投资则是买卖合约，即"一手交钱，未来交货"，期货交易的目的是从合约中获得利润，或者是到期时能完成实物交割。下面以一个小例子来讲解。

王先生看上了一台价值5 000元的电脑，觉得该款电脑的性能、配置都比较好，有盈利空间，于是向厂家订货1 000台自己去卖。但是厂家库房中的存货也不够，为了避免后期涨价，王先生与厂家先签订了预订合同，总价为500万元，付了10%的定金50万元，承诺5个月后交货。

结果5个月后，这款电脑价格跌至4 600元一台，此时王先生有以下选择：

①违约，之前付出去的定金作为赔偿金，王先生亏损50万元。

②转卖合同，正好有人愿意按照市价4 600元一台全收，此时合同价值为460万元（4 600×1 000），王先生此时亏损40万元。

③履行合约，实物交割，接过1 000台实际价值为4 600元一台，但合同约定价值为5 000元一台的电脑。每台亏损400元，总计亏损40万元。

案例中，当王先生交付了10%的定金，和厂家签订协议就成了期货合约。如果5个月后，电脑价格上涨，高于定价5 000元。此时，就可以忽略定金，王先生就赚了。

但是实际上，电脑价格下跌，跌至4 600元，每台亏损400元。此时，王先生可以违约承受定金损失，也可以转卖合约，还可以履行合约。

在实际的期货投资中，期货合约是由期货交易所统一制定的标准合约，规定在将来某一特定的时间和地点交割一定数量和质量的实物商品或金融商品。

可以理解为，期货是在交易所内进行交易的标准化合约，该合约约定了在未来某一个特定的时间（交割日）以确定的价格（期货价格）交易一定数量（合约规模）的某种商品。

了解了期货之后，做期货投资还要了解期货交易的规则和特点，具体如表 9-1 所示。

表 9-1　期货交易的规则和特点

规则 / 特点	内　容
双向交易	期货投资与股票投资不同，股票只能低买高卖，如遇熊市就可能被套，但期货可以双向交易，可以预测商品上涨做多，也可以预测商品下跌做空
T+0 交易	期货实行 T+0 交易，即期货交易可以当天买进当天卖出，每天可以交易无数次
杠杆交易	期货不是全额交易，只需要交付 5%～10% 的保证金，就可以进行100％的交易。例如投资者投资 1 万元，却能买进 10 万元的期货，这就是杠杆作用
手续费低	期货投资与股票投资相同，也需要交手续费，但是费用却更低，通常为成交金额的 1‰～ 2‰，并且期货交易没有印花税
零和市场	期货是一个零和市场，即市场总量不发生变化，只有持有者的比例发生变化。在某一段时间内，商品量和货币总量没有变化，只出现多空转移
每日无负债结算制度	期货投资采取每日结算制度，即期货投资在一个交易日内不会出现负债
实物交割	期货投资是利用价格转移合约获利，对于需要进行实物交割的商品交易者来说，往往需要大量的资金

续表

规则／特点	内　　容
涨停板制度	涨停板制度指期货合约在一个交易日中的交易价格不得高于或低于规定的涨幅，而超过这个幅度的报价将被视为无效，不能成交
大户报告制度	大户报告制度是期货公司的一种风险管理制度，这样的制度既可以保障大户和散户双方的利益，也为市场的规范做了保证
公开竞价制度	公开竞价制度指在规定时间内接受买卖申报一次性集中撮合的竞价方式，我国的股票和期货交易都采用竞价的方式
会员制度	会员制度并不是盈利的机制，而是为会员提供期货交易的场所与服务。期货交易所的会员必须是通过了有关法律法规，有权在期货交易所进行交易的经济组织
强制平仓制度	强制平仓制度指期货交易所对会员和投资者的持仓进行平仓，一般出现以下四种情况时会被强制平仓： ①会员或客户的交易保证金不足并未在规定时间内补齐。 ②会员或客户的持仓量超出规定的限额时。 ③会员或客户违反期货交易规则。 ④根据交易所的经济措施盈余强行平仓

No.102 期货套期保值

期货套期保值指通过买进或卖出与现货市场交易数量相当，但交易方向相反的商品期货合约，并在未来某一段时间通过卖出或买进相同的现货对冲平仓，结算期货交易带来的盈利或亏损。

套期保值分为买入套期保值和卖出套期保值，下面以两个具体的例子来说明。

理财实例 从大豆期货合约看套期保值

（1）期货买期保值

如果 2020 年 3 月大豆现货价格为 1 960 元 / 吨，期货合约价格为 1 950 元 / 吨。后市现货价格可能会上涨，为了防止上涨带来损失，套期保值者做期货买入保值。

在 2020 年 3 月时，买进 10 手 6 月大豆合约，1 手 =10 吨，此时花费

1 950 × 100=19 5000（元）

到 2020 年 6 月时，大豆现货价格涨至 2 200 元 / 吨，期货合约价格为 2 150 元 / 吨。

此时，如果保值者在现货市场买入 100 吨大豆需要花费：

2 200 × 100=220 000（元）

但卖出 3 月份大豆合约可得到：

2 150 × 100=215 000（元）

由此可以看到，套利结果为：现货市场亏损 240 元 / 吨（2 200-1 960=240），期货市场盈利 200 元 / 吨（2 150-1 950=200），因此，净损失为 240 × 100-200 × 100=4 000（元）。

在该案例中，大豆价格上涨使得买入成本增加，但通过期货买入保值，利用期货合约降低了损失程度。如果没有套期保值，以现货交易，那么损失将为：2 200 × 100-1 960 × 100=2 4000（元）。

（2）期货卖期保值

某粮食收购商与农民签订了 6 月采购大豆 100 吨的合约，如果到期价格下跌，那么到手的大豆转手利润就跌了。为了防止价格下跌造成损失，该粮食收购商做了期货卖出保值。

已知 2020 年 3 月大豆现货价格为 1 960 元 / 吨，期货合约价格为 1 950 元 / 吨。

此时该粮食收购商卖出手中持有的 10 手（1 手 =10 吨）期货合约，收回资金：

1 950 × 100=195 000（元）

到 2020 年 6 月时，大豆现货价格跌至 1 700 元 / 吨，期货合约价格为 1 700 元 / 吨。

此时，该粮食收购商以现货市场的价格出售收购的 100 吨大豆，价格为：

1 700×100=170 000（元）

此时在期货市场买回 10 手大豆合约，价格为：

1 700×100=170 000（元）

由此可以看到，套利结果为：现货市场亏损 260 元/吨（1 960-1 700=260），期货市场盈利 250 元/吨（1 950-1 700=250），共计亏损 260×100-250×100=1 000（元）。

如果该粮食收购商没有做卖出套期保值，那么他最终的亏损则是：

1 960×100-1 700×100=26 000（元）

从上述案例可以看到，实际上套期保值就是指保值者在买入现货的同时也买进期货，现货和期货的买卖操作是相反的，如果现货市场出现亏损，期货市场就会盈利，那么此时保值者的亏损就被对冲了，从而达到保值的作用。

因此期货套期保值需要满足下列四项基本条件，具体如表 9-2 所示。

表 9-2　期货套期保值的前提条件

条　件	内　容
方向相反	现货市场与期货市场的买卖交易必然是相反的。先根据交易者在现货供应市场所持头寸的情况，相应地通过买进或卖出期货合约来设定一个相反的头寸，然后在适当的时机按照相反的交易方向卖出或买进相应的期货合约予以平仓，从而实现对冲
数量相等	在套期保利交易的过程中，期货市场上交易的商品数量必须与现货市场上交易的数量相等，才能使盈亏额相等或相近
种类相同	现货市场与期货市场购买的商品种类需相同，这样价格才有可能形成密切的联动关系，使得两个市场上同时采取反向买卖的行动取得套期保值的效果
月份相近	选择的期货合约交割时间需要与交易者将来在现货市场上交易商品的时间相同或接近。只有两者选定的时间相同或相近，期货或现货的价格才会趋于一致

期货套期保值比较受到三类投资者的青睐，具体如图 9-17 所示。

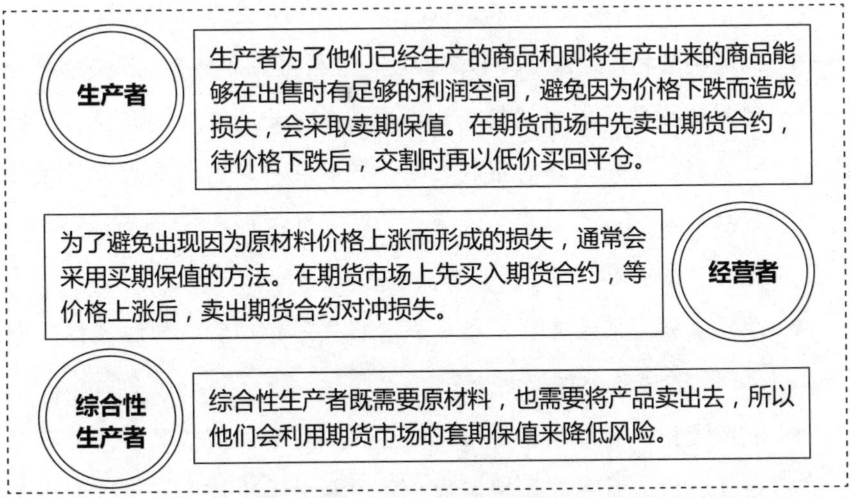

生产者　生产者为了他们已经生产的商品和即将生产出来的商品能够在出售时有足够的利润空间，避免因为价格下跌而造成损失，会采取卖期保值。在期货市场中先卖出期货合约，待价格下跌后，交割时再以低价买回平仓。

为了避免出现因为原材料价格上涨而形成的损失，通常会采用买期保值的方法。在期货市场上先买入期货合约，等价格上涨后，卖出期货合约对冲损失。　**经营者**

综合性生产者　综合性生产者既需要原材料，也需要将产品卖出去，所以他们会利用期货市场的套期保值来降低风险。

图 9-17　投资者类型

No.103 期货套利交易

从前面期货的套期保值交易来看，虽然能够起到对冲保值的作用，但需要的资金量较大，对散户来说比较困难。而套利交易则不同，它是主要针对散户投资的避险获利方式。

套利实际上也被称为价差交易，是指投资者在买进或卖出某种期货合约的同时，卖出或买进同一种或相关的另一种合约，然后利用相反的价差变化来实现套利的一种方式。

在期货市场上，套利的类型有很多，这些套利方式可以应用于不同期货产品的不同走势下，具体如下：

◆ **跨期套利**：跨期套利是指投资者根据同一个交易所同一期货品种，但不同交割月份的期货合约之间的价差进行的套利交易。

◆ **跨市场套利**：跨市场套利是指投资者根据两个在不同交易所上市的，同一品种同一交割月份的期货合约之间的价差进行的套利交易。

◆ **跨品种套利**：跨品种套利是指投资者根据两个具有相同交割月份、但标的指数不同的期货合约之间的价差进行的套利交易。需要注意的是，这两个标的指数之间必须存在一定的关联性，且相关度越高越好。另外，这两个期货合约既可以在同一个期货交易所交易，也可以在不同的交易所交易。

◆ **期现套利**：期现套利是指投资者根据股指期货合约和其标的指数之间的价差进行的套利交易。

◆ **熊市套利**：熊市套利是指投资者在市场看跌的情况下，卖出近期期货合约，而买进远期期货合约，利用不同月份合约的价格差异而取得利润。

◆ **牛市套利**：牛市套利是指投资者在市场看涨的情况下，买进近期期货合约，而卖出远期期货合约，利用不同合约月份的价格差异而取得利润。

◆ **垂直套利**：垂直套利也称货币套利，它可以在一定程度上限制风险和收益。按照不同的执行价格同时买进和卖出同一合约月份的看涨期权或看跌期权。

◆ **蝶式套利**：蝶式套利是投资者利用不同交割月份合约的价差进行套期获利，由两个方向相反、共享居中交割月份合约的跨期套利组成。它是套利交易中的一种合成形式，整个套利涉及3个合约。例如买入3手大豆3月份合约，卖出6手5月份合约，买入3手7月份合约。

期货套利在实际的期货投资中应用比较多，而之所以如此受欢迎，原因在于以下四点：

①**价格波动变化较小**。因为套利交易是在不同的期货合约中找到获利

点，所以它的价格波动更小，投资者承受的投资风险也就更低。

②**对涨跌停的保护**。套利交易可以有效地对涨跌停进行保护，当商品期货的价格出现涨跌停时，因为套利交易有两个交易方向，所以投资者不会出现较大幅度的亏损。

③**分析更简单**。虽然直接预测期货合约价格上涨或下跌比较困难，但预测同一合约的价差却相对比较容易，更便于投资者分析判断。

④**选择套利的方式更多**。通过前面的介绍我们可以看到，期货套利的方式众多，适合在不同的合约、不同的市场下，应用于不同的商品，投资者的选择面更为广泛。

No.104 期货投机交易

说到"投机"，很多人便产生不好的联想，认为是投机取巧。其实，投机者在期货交易中发挥着重要的作用。首先提高了市场的流动性，其次还吸收了套利保值者的风险，成为价格风险承担者。

期货投机交易是指自期货市场上以获取价差收益为目的的期货交易行为。简单来说就是单纯利用"低买高卖，高买低卖"来获利的投资方式。因此，投机者具有下列两个突出的特点：

①投机者购买的目的在于倒手转卖，所以不在意这些商品的制作过程，或有什么作用。

②交易过程较简单，先是低价买进（或卖出），然后按更好的价格卖出（或买进），从中获利。

期货投机通常分为四种形式，具体如下：

◆ 单日投机

单日投机分为两种情况：快进快出和日内趋势。快进快出是指投资者在某个位置为了博取几点或几十点的差价，快速进出的操作，持仓时间短则几秒，长则数分钟。日内趋势是指投资者为了获得当日的趋势利润，持仓时间在数十分钟或几个小时，然后在当日平仓的交易方式。

单日投机通常选择价格波动变化较大的产品，且在当日完成平仓，利用较大的价格差获得收益。

◆ 短线交易

短线交易是指投资者顺着市场的发展方向当日建仓，隔日或几日内平仓的交易模式。其投资原理是：市场已经有了比较明显的运行方向，市场形成一个运行趋势，并在该趋势下形成惯性，一旦趋势减弱或出现转势迹象，则立即平仓。

◆ 波段交易模式

波段交易操作是利用 K 线图做的技术分析，具体是指投资者在 K 线图中的支撑位买入，然后在压力位平仓。波段操作的原理为：当市场打破一个盘整的密集交易区时，将会快速运动到下一个密集交易区。

◆ 中长线交易

中长线交易也是利用 K 线图做的技术分析，具体是指在趋势的起点位置建仓、回调结束时加仓、重要位置或时间周期平仓的交易模式，持仓时间 1~3 个月，甚至 1 年左右。中长线交易的交易原理为：市场总是在循环，当一个趋势结束后，必定引起另一个趋势的开始。

期货投机交易属于风险较大的一种投资获利方式，其价格涨跌完全根据市场走势来判断，如果判断有误，投资者可能面临重大的经济损失，因此，需要尤其慎重。

9.3　黄金投资，升值空间更大

　　黄金早已是风靡全世界的一种投资品种，无论是个人投资者，还是机构投资者，越来越多的人开始接触黄金。因为黄金升值空间大，能有效抵御通货膨胀，且黄金自身固有的价格使其稳定性更强、安全性更高。下面我们就来具体感受下黄金的魅力。

No. 105 认识黄金投资的种类

　　黄金投资实际上就是利用黄金价格的波动变化来获利，但是与一般的投资理财产品不同的是，黄金投资在投资发展的过程中衍生出了许多的黄金产品，这些产品有各自的报价与投资方式。

　　黄金投资主要分为两大类型，即实物黄金和非实物黄金。其中，实物黄金是最简单的一种黄金投资方式，即投资者买入黄金产品，待其升值之后再卖出获利。常见的实物黄金产品包括金条、金币以及黄金饰品等。

　　而非实物黄金则包括如表 9-3 所示的几类。

表 9-3　非实物黄金的类型

类　　型	阐　　述
纸黄金	"纸黄金"是国内中、农、工、建四大银行推出的一种个人凭证式黄金，投资者按银行报价在账面上买卖"虚拟"黄金，通过把握国际金价走势低吸高抛，赚取黄金价格的波动差价，不发生实金提取和交割
黄金凭证	黄金凭证又称金元券，可兑换等值黄金，以美元计算，也是目前国际投资黄金的主要方式之一。凭证上除注明黄金的购买日期、重量、规格及成色之外，也保证投资者随时提取所购买黄金的权利

续表

类　型	阐　述
现货黄金	现货黄金又称国际现货黄金或伦敦金，属于市场上最热门的黄金投资方式之一，是由各黄金公司建立交易平台，以杠杆比例的形式向做市商进行网上买卖交易，形成的投资理财项目
黄金期货	黄金期货是指以国际黄金市场未来某时点的黄金价格为交易标的的期货合约，投资人买卖黄金期货的盈亏，是由进场到出场两个时间的金价价差来衡量，契约到期后以实物交割
黄金 T+D	黄金 T+D 是上海黄金交易所旗下的一款投资产品，也称作 AU（T+D），是一种规定在将来某一特定的时间和地点交割一定数量标的物的标准化合约
黄金 ETF	黄金 ETF 是指公募基金把绝大部分基金财产以黄金为基础资产进行投资，紧跟黄金价格，并在证券交易所上市的开放式基金
黄金股票	黄金股票是指金矿公司向社会公开发行的上市或不上市的股票，所以又可以称为金矿公司股票。由于买卖黄金股票不仅是投资金矿公司，而且还间接投资黄金，所以这种投资行为比单纯的黄金买卖或股票买卖更为复杂

黄金作为投资工具在投资市场中一直热度不减，受到广泛投资者的喜爱，主要原因有以下六点：

◆ 黄金具备很好的避险功能

黄金的避险功能是其受到追捧的主要原因之一，在经济状况不稳定，或是战争时期，常见的基金、股票等投资都会受到猛烈的冲击，但黄金的价格却能保持不变，甚至呈现稳步上升。另外，随着黄金需求的不断增加，黄金变得更加稀有，也增加了黄金自身的避险特点。

◆ 黄金投资不会崩盘

投资最担心的就是崩盘，尤其是股票投资，一旦出现崩盘，投资者将面临血本无归的境况。但是，黄金投资不会发生崩盘的情况，因为黄金本身为稀有金属，随着开采量的逐渐增加，未来黄金量将会越来越少，这就使得黄金的价格会一直上升，而不会出现崩盘的情况。

◆ 抵御通货膨胀

黄金是一项比较理想的抵御通货膨胀的武器。通货膨胀是指货币出现贬值，购买力下降，就是俗话说的"钱不值钱了"。而黄金本身属于贵重商品，所以价格会随着通货膨胀而上涨，这样就能抵消通货膨胀带来的损失，保证投资者的资产有效抵御通货膨胀。

◆ 黄金保值性较强

通常商品经过时间的侵蚀都会出现老化或物理性质被破坏的情况，从而影响自身的价格，例如车子，随着时间的流逝会逐渐贬值。但黄金因为其本身具有的贵金属属性，即便经过时间的侵蚀，也不会影响其质地，所以黄金的保值性较强。

◆ 黄金是最好的抵押品

黄金是最好的抵押品，当投资者遇到资金周转困难的情况时，可能会通过典当或抵押的方法获取资金。房产或车子一类的资产变现时间慢，且贬值空间大，但黄金则不同，黄金属于一种国际公认的物品，一般典当行都会给予黄金达 90% 的短期贷款，而不记名股票、珠宝首饰、金表等物品，最高的贷款额也不会超过 70%。

◆ 24 小时交易，不受时间限制

黄金不是专属于某个国家的交易品种，而是通行全球的交易品，所以即便一个国家的黄金市场休市，其他国家可能正在开始。所以黄金在 24 小时内都有活跃的报价，投资者可以随时获利平仓，还可以在价位适合时随时建仓。另一方面，黄金的世界性公开市场不设停板和停市，这使得黄金市场投资更有保障。

No. 106 影响黄金价格的因素及定价

黄金同时具备了商品和货币两种特性，这就决定了影响黄金价格走势的因素必然是复杂且多样的，投资者需要密切了解引起金价变化的各种因素，从而降低黄金投资的风险性。具体来看，影响黄金价格变化的因素有以下一些：

（1）美元走势

美元一直都是国际支付和贵金属交易中的主要货币。黄金交易中也是以美元计价的，所以美元汇率是影响金价波动变化的重要因素之一。

当美元升值并在国际上处于稳定地位时，就削弱了黄金作为储备资产和保值功能的地位。其次，国际黄金市场一般以美元作为标价货币，这就使得美元在贬值时，黄金出现上涨的情形。

因此，美元与金价呈现负相关的关系，即当金价本身的价值不变，美元下跌，那么金价在价格上则表现上涨。故此，我们可以通过美元强弱的趋势分析，协助判断金价的长期走势。

（2）本地的实际利率

实际利率是指扣除通货膨胀率后的真实利率，它是影响黄金价格的一个重要因素。

虽然投资黄金并不会获得利息，其投资收益完全以价格是否上涨来决定。但是当本地利率普遍偏低时，投资黄金的比例会增加；当本地利率明显升高时，无利息黄金的投资价值就会下降，投资黄金的比例就会减少。

（3）央行因素

央行对黄金的影响主要表现在以下两个方面：

①因为黄金是国际储备的组成部分，所以当一国提升其国际储备中的黄金份额时，自然会增加对黄金的需求，减少央行售出黄金的数额。

②央行的利率高低会减少或增加黄金资产对债券等资产的吸引力，当利率较高时，投资者们会增加对债券等资产的投资，而减少黄金投资；当利率较低时，投资者们会增加对黄金的投资，而减少债券等资产的投资。

（4）地缘局势

地缘局势的动荡会引起市场的恐慌，引起黄金价格变化。首先地缘局势的不稳定，会降低信用货币的吸引力，资金大量流向商品市场，人们出于避险考虑会对黄金产生大量的需求，使得黄金价格快速升高。其次，虽然地缘性的动荡会使得黄金价格在短期内快速波动，但是因为黄金市场受到多方面因素的影响，所以这种短期内的激增并不会持续很长时间，一般在短期的涨幅后会渐渐平复，最终回到原来的运行轨迹上。

（5）原油价格

在国际大宗商品市场上，原油是最为重要的大宗商品之一。当原油的价格上涨时将推动通货膨胀，而黄金则是通货膨胀下的保值品，所以在通货膨胀下，黄金价格上涨。

因此，原油价格与黄金价格之间存在着正相关的关系，两者的波动趋势基本表现一致：当原油价格上涨，黄金的价格也随之上涨；当原油的价格下跌，黄金的价格也会随之下跌。

（6）股市影响

虽然股票与黄金是两个不同的投资市场，但是股票与黄金之间存在着微妙的关系。股市对黄金价格的影响主要表现在投资者对经济发展前景的预期。如果投资者普遍对经济前景看好，那么大量的资金就会流向股票市场，与此同时，黄金市场就会出现冷淡现象，黄金价格下跌。但是，如果股票市场交易冷淡，大家普遍不看好经济前景，那么大量的资金就会流向黄金市场，黄金的价格则上涨。

实际上，因为我国国内的股票市场相对比较封闭，国内股票市场变化对黄金价格的影响较小。对黄金价格影响较大的是国外的一些重要的股票市场，例如纽约、东京、伦敦等股票市场。

了解了影响黄金价格的影响因素之后，投资者还需要了解黄金市场的定价机制。

通常市面上流通的黄金价格，我们都是通过金店知晓的，或者是以现货的黄金交易的方式知晓国际黄金价格，但是这个黄金价格又是如何确定的呢？

一般来说，黄金价格主要是来自伦敦黄金市场的价格，就是国际黄金价格，以美元来衡量。所以一般进行黄金交易或发生重大事件引起金价波动变化时，首先看到的是伦敦金的价格。

早在19世纪初，伦敦就是世界黄金提炼、销售和交换的中心。1919年，国际黄金市场开始实行日定价制度，每日两次，分别为10:00和15:00。伦敦黄金的定价是世界上最主要的黄金价格，许多国家和地区的黄金市场价格均以伦敦金价作为标准，再根据各自的供需情况上下波动。

之所以以伦敦金的价格为标准是因为伦敦垄断了世界上最大产金国——南非的全部黄金销售，世界黄金市场的大部分黄金都在伦敦金市场进行交易。

No.107 黄金投资交易的技巧

虽然黄金价格具有稳定性，但是有投资就有风险，黄金投资也不例外，如果投资者能够讲究一定的投资策略，就能在投资的道路上少走弯路，降低投资风险。

（1）实物黄金投资

实物黄金是投资者们在黄金投资中接触比较多的黄金品种，其最大的优点在于可以进行实物交割，避险功能较强。但是实物黄金投资的缺点也比较明显，储藏成本较高，只有在黄金价格上涨时才能获利，单纯的持有并不会产生收益。

实物黄金又主要包括金饰、金条和金币三种类型：

◆　金饰

金饰是大部分女性投资者比较喜欢的一款产品，既能日常佩戴，也能做投资。但实际上，金饰的投资价值并不高。黄金饰品在销售时会附带一定的工艺附加值，且越是精美的首饰，工艺越是复杂，价格越高，其中包含的工艺附加值也越高。所以购买的价格与黄金原料的内在价值存在较大的差异，使得黄金首饰的单价远远高于黄金交易所的金价。

如果投资者想要卖出黄金饰品，其回购价格往往以实际克数决定，而非工艺，所以价格相较于购买时的价格差距较大。其次，金饰在佩戴的过程中，容易出现消耗，降低其本身的价值。所以，如果投资者单纯地想要实物黄金投资，不建议选择黄金饰品。

◆　金条

金条加工费低廉，标准化金条在全世界范围内都可以方便地买卖，且世界大多数国家和地区都对黄金交易不征交易税。所以相比黄金饰品，金条更能保值，也更具投资价值。

但是，金条仍然不太适合用来收藏投资，因为它的内在价值相对确定，价格相当国际化，市场规模庞大，价格有涨有跌，且变动相对缓慢，收藏价值较低。

◆ 金币

金币与金条看起来类似，但实际却不同，金条为单纯的黄金，通过金价上涨获利，而金币则是钱币投资，除了黄金本身的价值之外还具有钱币价值。所以，金币具有黄金和收藏双重价值。

（2）纸黄金投资

纸黄金投资比较适合初入黄金市场的投资者，因为纸黄金的投资门槛较低，投资者只需要在中国银行、农业银行、工商银行和建设银行等银行开通贵金属交易账户即可进行交易。另外，纸黄金24小时的交易模式以及T+0的交割方式使得交易更便捷。

（3）黄金ETF基金

黄金EFT基金与基金买卖一样，由专门的基金经理打理，且交易费用低廉，投资者只需要交纳0.3%～0.4%的管理费用即可，比其他黄金产品的费用更低。

（4）黄金期货

黄金期货与其他商品期货一样，其最大的优势在于可以利用杠杆，不用占用投资者很多的资金，以小博大。但投资的风险也会增加，是高收益追求者比较青睐的产品。

（5）黄金股票

黄金股票的本质首先是股票，其次才是黄金，例如山东黄金、中金黄金等。所以黄金股票会随着股市的波动而波动，一旦遭遇熊市，也会出现下跌，对于厌恶风险的投资者来说，比较不适合。

除了选对黄金投资的品种之外，投资黄金还要注意时机。如果投资选择的时机不对，则可能会让未来的盈利空间大幅缩水。入市的时机可以从三点考虑，具体如表 9-4 所示。

表 9-4　入金市的时机考虑

要　点	内　容
经济环境	投资时考虑当前的经济环境，如果在经济低迷时投资黄金，黄金的价格往往能够得到增长，此时是黄金投资的好时机
黄金价格	投资时考虑黄金价格，因为黄金价格受到多方面因素的影响，且长期趋于稳定，如果黄金价格突然升高，则不适合投资。应等到黄金价格反应时间过去，回到稳定时再买进
历史低位	当黄金价格下跌，已经跌至各主要机构及交易员们普遍认为的历史低位，跌无可跌时，投资者可以趁机入市抄底

最后，当投资者感到金市未来走势不明朗，自己又缺乏信息时，则不宜入市，否则很容易做出错误的判断，给自己带来经济损失。

No. 108 认识常用的黄金交易软件

想要做好投资必须熟练掌握投资工具，黄金投资也是如此。金投网是专业的金融投资服务平台，为投资者提供了金融市场行情及行业资讯，包括国际国内黄金、金价、黄金投资、黄金交易、黄金价格行情和黄金现价实时行情等内容。

金投网是一个综合的行情信息网，网站内包括黄金、白银、能源、外汇、期货、股票、收藏和理财等栏目，其中黄金为金投网的重要板块，投资者可以通过该栏目得到更新、更有价值的黄金行情和咨询服务。

借助金投网投资者可以快速查看黄金的各类信息，下面以具体的操作为例进行介绍。

理财实例 在金投网中查看黄金信息

打开金投网（https://www.cngold.org/），在首页中单击"黄金"超链接，如图9-18所示。

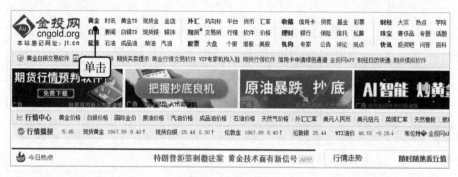

图9-18　进入首页

进入黄金行情页面，在该页面中可以查看到各类黄金商品的价格信息、金市时讯以及专家解读。单击页面上的黄金商品选项卡，即可进入对应的黄金商品详情，这里单击"现货黄金"选项卡，如图9-19所示。

图9-19　单击"现货黄金"选项卡

进入现货黄金详情页面，在该页面中可以查看现货黄金最新的价格行情走势，以及更多的相关信息。单击"现货黄金价格走势图"超链接，如图9-20所示。

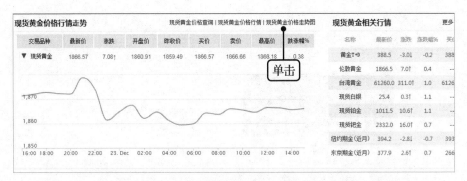

图9-20 单击"现货黄金价格走势图"超链接

进入现货黄金走势图页面，在该页面中可以进一步查看现货黄金的分时走势、5日K线、日K线、周K线等走势图，帮助投资者做技术分析，如图9-21所示。

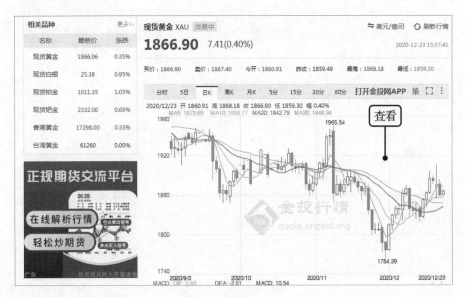

图9-21 查看走势图

但是金投网作为一个综合性的金融资讯门户网站，本身是不能交易的，因为它只是一个平台或者工具，主要是给贵金属类投资者提供免费行情资讯服务的。所以如果是经常投资黄金的投资者，可以下载一个金投网

App，不管是行情还是资讯或是数据分析，都能通过 App 了解。如图 9-22 所示为金投网 App。

图 9-22　金投网 App